基于高低空遥感技术的糖料蔗生长模型构建及解译

黄凯　吴卫熊　邵金华　著

·北京·

内 容 提 要

本书旨在引入高光谱技术，配合使用星载的中分辨率光谱仪 MODIS 数据和陆地卫星 TM 数据，探索对工程进行短周期动态监测及效益评价的新方法，为工程实施提供有效支持。本书详细阐述了基于无人机高光谱遥感技术土壤墒情及植物茎体含水率测量方法，及土壤水分传感器和植物茎体水分传感器的工作原理和研制过程，经过大量实验，验证了高光谱遥感技术具有较高的可靠性、一致性和稳定性。以此为基础，研制出了按植物需求精准节水灌溉自动调控系统。

可为农作物高效节水灌溉提供科学依据，并供从事节水灌溉工作的人员参考使用。

图书在版编目（CIP）数据

基于高低空遥感技术的糖料蔗生长模型构建及解译 / 黄凯，吴卫熊，邵金华著. -- 北京 : 中国水利水电出版社，2020.7
ISBN 978-7-5170-8711-3

Ⅰ. ①基… Ⅱ. ①黄… ②吴… ③邵… Ⅲ. ①遥感技术—应用—甘蔗—节水栽培 Ⅳ. ①S566.107

中国版本图书馆CIP数据核字(2020)第128059号

书　　名	**基于高低空遥感技术的糖料蔗生长模型构建及解译** JIYU GAO-DIKONG YAOGAN JISHU DE TANGLIAOZHE SHENGZHANG MOXING GOUJIAN JI JIEYI
作　　者	黄　凯　吴卫熊　邵金华　著
出版发行	中国水利水电出版社 （北京市海淀区玉渊潭南路 1 号 D 座　100038） 网址：www.waterpub.com.cn E-mail：sales@waterpub.com.cn 电话：（010）68367658（营销中心）
经　　售	北京科水图书销售中心（零售） 电话：（010）88383994、63202643、68545874 全国各地新华书店和相关出版物销售网点
排　　版	中国水利水电出版社微机排版中心
印　　刷	清淞永业（天津）印刷有限公司
规　　格	140mm×203mm　32 开本　4.375 印张　125 千字
版　　次	2020 年 7 月第 1 版　2020 年 7 月第 1 次印刷
印　　数	0001—1000 册
定　　价	**30.00** 元

前　言

广西种植糖料蔗的旱坡地有1600多万亩，蔗糖产量约占全国的2/3，糖料蔗种植是广西农村的主要经济来源之一，蔗糖加工已成为地方工业的主要产业和财政增收的主要来源。广西壮族自治区人民政府印发了《关于促进我区糖业可持续发展的意见》（桂政发〔2013〕36号），要求稳定糖料蔗种植面积，坚持优势区域重点发展，经过5～8年的努力，即到2020年重点建设500万亩经营规模化、种植良种化、耕作机械化、水利现代化的高产高糖糖料蔗基地，切实解决糖料蔗生产基础设施落后的突出问题。随着现代农业的逐步推进，规模化、集约化生产和精准农业已逐步成为未来发展的方向，糖料蔗高效节水灌溉也必然朝着服务现代农业的方向发展，服务于精准农业，即：精确确定灌溉、施肥、杀虫等的地点；精确确定水、肥、药、种子等的施用量；精确确定各种农艺措施实施的时间。本书重点针对如何克服传统方法的不足，实现精确确定农艺措施实施时间、实施地点及施用量，提高水肥效率和蔗糖产量。

本书的出版得到广西重点研发项目“基于天空地一体化的糖料蔗旱情监测预警研究与应用”（编号：桂科AB19245040）的资助，在此表示感谢！

由于作者水平有限，书中错误在所难免，希望读者给予批评指正，以便进一步修改完善。

作者

2020年2月

目　录

1 研究背景和发展趋势

1.1 研究的背景和意义

广西种植糖料蔗的旱坡地有1600多万亩，蔗糖产量约占全国的2/3，糖料蔗种植是广西农村的主要经济来源之一，蔗糖加工已成为地方工业的主要产业和财政增收的主要来源。然而，蔗糖种植在每年2—4月、9—10月时间段会遇到干旱缺水的问题，目前广西仅10%左右的蔗区有灌溉条件，导致糖料蔗产量低且品质不高。进行传统的渠道灌溉对地形起伏变化的适应性差。为推进农业现代化发展、做强做大做优广西的特色优势产业、保障广西工业及国民经济快速发展的基础，广西壮族自治区人民政府印发了《关于促进我区糖业可持续发展的意见》（桂政发〔2013〕36号），要求稳定糖料蔗种植面积，坚持优势区域重点发展，经过5～8年的努力，即到2020年重点建设500万亩经营规模化、种植良种化、耕作机械化、水利现代化的高产高糖糖料蔗基地，切实解决广西糖料蔗生产基础设施落后的突出问题。

按照广西壮族自治区党委、政府的部署，为解决糖料蔗高效节水灌溉工程建设和管理等方面暴露出的主要问题，在广西壮族自治区水利厅的统筹指导下，区内外水利科研单位联合，在2013—2015年，先后开展并顺利完成了水利部公益行业专项“广西糖料蔗高效节水灌溉发展模式研究”（任务书编号：201301013），广西农业科技成果转化资金项目“广西百万亩糖料蔗高效节水灌溉关键技术集成与示范”（合同编号：桂科转14125004-4）等研究课题，提炼出适合于广西特点的需水规律，解决了丘陵坡地大面积推广高效节水灌溉的诸多技术难题，实现了节水灌溉新技术的集成，推进了新能源推广和应用，进一步完善了工程建设管理体制机制，深入分析了糖料蔗实施高效节水灌溉后的生态环境影响效应等，为糖料蔗高效节水灌溉可持续地发展提供智力支持和技术支撑，具有明显经济效益和社会效益。

但是，前阶段的研究重点侧重于工程建设方面，为广西糖料蔗“双高”基地水利化建设扫清技术难题。工程建成后的，如何通过科学决策、精准灌溉实现灌溉效益的最大化或最优化亦成为摆在我们面前的一个重要难题。传统的通过人为判断或通过布设墒情监测站监测资料作为依据，在一定尺度上为科学灌溉决策提供了重要的参考，但是当灌溉面积超过一定程度，传统的方法就显得力不从心。随着现代农业的逐步推进，规模化、集约化生产和精准农业已逐步成为未来发展的方向。糖料蔗高效节水灌溉也必然朝着服务现代农业的方向发展，服务于精准农业，即：精确确定灌溉、施肥、杀虫等的地点；精确确定水、肥、药、种子等的施用量；精确确定各种农艺措施实施的时间。目前就如何克服传统方法的不足，实现精确确定农艺措施实施时间、实施地点及施用量是重难点也是研究热点。

糖料蔗的一个榨季生长期长达一年，在广西全年降水量时空差异明显、糖料蔗生长后期蔗地封行郁闭的情况下，保障合理、适宜的水分灌溉和养分供应是糖料蔗达到高产优质的基本保证。采用水肥药一体化技术不但满足甘蔗生长期对水分、养分的需求，并且可以规避人工进入蔗地追肥、喷洒农药等的操作难度，达到水肥药的适时适量的高效利用。目前，有关甘蔗水肥药一体化技术的研究报道不多，而且由于甘蔗品系、地区气候、土壤等差异，其水肥药一体的配比参数也会有所差异，因此研究蔗区的滴灌水肥药耦合的一体供应模式十分必要。另外，作物生长模拟模型由于可以提高农业生产、危险性评估和可持续生产等方面的研究效率，正日益受到关注。目前，以甘蔗生长模型为核心模拟区域化甘蔗生产过程，制定甘蔗生产精准化管理模式进而构建甘蔗生产管理决策支持系统，已经成为当前糖料蔗产业可持续发展的重要支撑。特别需要指出，本书契合精准农业发展方向，将传统试验研究、遥感技术及数学模型算法相结合。

糖料蔗长势受多种因素影响，例如干旱、病虫害、灾害、养分等，本研究的意义在于，通过无人机采集到的高光谱信号，高效获取植被多波段的光谱影像信息，并通过建立光谱影像信息与糖料蔗生长状况的对应关系，精确解析糖料蔗叶面积指数、养分含量、生物量等生理生化指标，准确、实时地获取糖料蔗的水分、品质、生长状态及预测其产量。在此基础上，开发糖料蔗农业生产智能决策支持平台，系统模拟并评估糖料蔗长势信息，科学指导糖料蔗高效节水灌溉系统灌水、施肥、施药，从而可以为糖料蔗的生产提供新的更高效、更科学的管理手段，并实现水肥药资源的高效利用。

同时，甘蔗种植面积的统计、长势比较、产量预测等方面信息主要通过当地糖业主管部门或制糖企业的技术人员，通过实地调查、逐级上报、汇总等方法实现，时效性低、人力物资消耗量大、所得信息分散、容易出现错报、漏报、空报等问题，很难及时准确地获取甘蔗的种植面积和产量信息。与传统统计方法相比，遥感技术具有宏观性、综合性、时效性、动态性和成本相对较低等特点，是一种客观、经济、快速、准确的信息获取手段（史舟等，2015；宋茜等，2015；胡琼等，2015）。目前利用卫星遥感技术对农作物种植面积、长势动态监测以及产量预测等方面的研究已取得了巨大进展，特别是对于玉米、小麦、水稻、棉花等作物（贾玉秋等，2015；黄敬峰等，2010；焦险峰等，2002；侯学会等，2012），然而目前对糖料作物如糖料蔗的遥感监测应用研究的关注较少，还处于初级研究阶段，因此有必要探讨分析遥感技术在甘蔗生长监测与产量估计等方面的应用研究。

目前利用高空遥感技术得到的植被指标，如 LAI，NDVI，EVI，TVDI 等植被指标已广泛应用于作物长势监测（铁永兰等，2012；黄青等，2010；蒙继华等，2014），但利用高空遥感技术监测广西全区糖料蔗长势鲜有报道。同时，利用数据融合技术，可以监测糖料蔗产量随时间的变化情况，估算过去产量，预测当前产量和最佳收割时间，为糖料蔗收割提供良好的技术支撑，为政府部门掌握广西全区糖料蔗种植信息提供数据来源。基于高空遥感技术得到的植被指标，结合糖料蔗生长模型，利用现代数据融合技术（数学模型、生长模型及观测数据融合技术），可以准确模拟各时刻的长势及与环境的响应关系，可用于更加精细的农业指导及管理。广西土地资源可概括为“八山一水一分田”，糖料蔗种植主要集中在旱坡地，灌排基础工程设施配套不全。另外广西虽然降雨量较大，但受季风气候影响，时间性空间性降雨量差异较大，春秋旱情况严重，而雨季降水量大，甘蔗可能受渍害的影响。土地资源与降水分配形成了广西糖料蔗种植区地域性、季节性缺水严重，种植区高程、坡度不一、生长季干渍交替的复杂生长环境，因此从宏观上结合气象、地形、实时遥感观测数据、作物模型的模拟等多方面信息，研究广西各地区糖料蔗产量的主要限制因素将能为该区域蔗区甘蔗生产管理、增产提供有价值的指导。

综上所述，本书契合现代农业发展方向，通过无人机低空高光谱、高空遥感技术与现代作物模型模拟技术的结合，主要研究内容如下：

（1）通过无人机采集到的高光谱信号，高效获取植被多波段的光谱影像信息，并通过建立光谱影像信息与糖料蔗生长状况的对应关系，精确解析糖料蔗叶面积指数、养分含量、生物量等生理生化指标，准确、实时地获取糖料蔗的水分、品质、生长状态及预测其产量。在此基础上，开发糖料蔗农业生产智能决策支持平台，系统模拟并评估糖料蔗长势信息，科学指导糖料蔗高效节水灌溉系统灌水、施肥、施药，从而可以为糖料蔗的生产提供新的更高效、更科学的管理手段，并实现水肥药资源的高效利用。

（2）利用高空遥感技术的优势及糖料蔗的物候变化过程，提供糖料蔗在广西地区的空间种植结构及2003—2017年的种植时空变化规律；基于糖料蔗生长模型和高空遥感观测数据，结合糖料蔗实验基地的观测实验，利用数学方法准确、实时监测糖料蔗长势及产量，为农田管理及最终收割提供技术支撑；通过对比广西全区作物模型模拟的历史潜在产量与遥感监测估计的历史实际产量对比，结合广西气象、地形信息分析研究广西糖料蔗产量的主要影响和制约因素。

1.2　国内外研究现状和发展趋势

1.2.1　基于无人机高光谱遥感技术的糖料蔗灌溉

相较于传统的观测手段，遥感技术作为近年来比较热门的技术，应用广泛，具有获取信息量大、多平台、快速、覆盖面积大等特点（Xavier 和 Vettorazzi，2004）。将这些特点应用在规模化、集约化的农业生产中优势明显，农业遥感因此具备得天独厚的优势。白淑英定义“农业遥感”是一门利用遥感技术实现农业资源调查、土地利用识别、农业病虫害监测、农作物长势分析及产量估算等农业应用的综合技术（白淑英，2012）。将遥感技术应用于农田信息获取，其实质就是利用搭载在不同平台上的各种传感器（涵盖 RGB 可见光，NIR 近红外，热红外等不同波段光谱信息）获取与农田包括作物和土壤等在内的物体相互作用而得到的以反射率为主的信息，进而利用这些反射率信息进行农田信息解译的过程。

卫星遥感能够获取大尺度的遥感信息，但是也有一定局限，比如当云层较厚时，会导致部分区域遥感数据缺失。同时，卫星遥感也受重返周期、空间分辨率等的影响，以常见的 MODIS 卫星为例，该卫星能够获取的 NDVI 数据空间分辨率为 1km，时间分辨率为 1～2 天（Liang，2004）。相比之下，低空遥感能够获取更高时空分辨率的数据，同时不会受到云层的影响。但是相比之下利用航空飞机遥感的造价太大，且不利于实时便捷地高效农田信息获取。无人机作为一种较为新颖的遥感平台，近些年来发展迅猛。同时利用无人机获取遥感信息，具备低成本，易操作、重返周期高、不受天气条件影响等特点，同时也能够提供具有高空间分辨率的信息（Gago 等，2015）。

国内外针对无人机在农业方面的应用已经展开了大量的研究。Herwitz 在 2002 年最先在 NASA 支持下，证实了可以利用无人机对夏威夷 1500hm^2 科纳咖啡树进行病虫害和灌溉施肥异常的监测（Herwitz 等，2004）。Berni 在 2009 年提出了利用无人机平台搭载多光谱相机和热像仪，可以实现对作物 LAI、叶绿素、作物缺水系数 CWSI 的提取。高林也实现了利用无人机载多光谱对大豆叶面积指数的监测（Berni 等，2009）。近些年来，基于无人机搭载各种传感器进行遥感研究非常热门，将其主要总结为以下 4 个方面：

（1）作物生理指标的获取。

（2）作物生化信息获取。

（3）农田水分状况研究。

（4）其他研究热点。

基于无人机的作物生理指标获取主要包括作物株高、叶面积指数、生物量、冠层覆盖度等能够反映作物生理状况的各类指标。其中的作物株高是作物重要的生长指标，指植物地上部分的最大高度，其与生物量、LAI、产量等有显著的相关关系。近年来，较多研究者采用了利用无人机获取作物表面模型来提取株高的方法。Zarco 等使用固定翼飞机搭载 RGB 数码相机估算橄榄树高，与实测结果对比决定系数 $R^2=0.83$（Zarco - Tejada 等，2009）。同样也有研究者实现了利用无人机搭载激光对玉米株高的估计。NDVI 可以直接简单地反演生物量，Bendig 结合无人机高光谱获取作物的株高对大麦的生物量进行了评估，发现结合株高的多元线性回归和非线性回归得到的模型比直接使用植被指数回归得到的模型效果更好（Bendig 等，2015）。

Curran 指出 400～2400nm 波段反射光谱曲线对于各种植被都十分相似，它们在近红外波段由于叶面散射有很高的反射率（Curran，1989），在绿光处反射率高，蓝光、红光存在吸收。除了吸收特征外，近红段的反射率高主要是因为细胞结构。

Zarco－Tejada 在 2013 年验证了利用无人机搭载的高光谱提取的 TCARI/OSAVI 能够很好地反演葡萄叶绿素含量，也有人分析高光谱数据提出 LCCI 可以进行氮素监测的结论。

利用无人机平台进行遥感监测在其他方面应用同样十分广泛，特别是作物倒伏、病虫害等方面。李宗南（2014）在 2012 年利用小型无人机遥感试验获取的红、绿、蓝彩色图像研究灌浆期玉米倒伏的图像特征和面积提取方法，发现基于红、绿、蓝色均值纹理特征提取误差显著低于基于色彩特征提取方法下计算的结果。曹学仁（2010）研究发现，在正常的小麦种植密度下，无人机数字图像的颜色特征参数与小麦白粉病病情存在显著或极显著的相关性，并根据无人机遥感监测出了研究区小麦白粉病病情情况。冷伟锋（2013）利用无人机遥感获取的数码影像的 3 个波段的反射率与病情指数之间相关性较高，可监测小麦条锈病。Faithpraise 通过利用无人机进行监测预警害虫入侵，以及布置 NBIs 和寄生黄蜂卵等有效地控制了小麦的 African Armyworm 害虫感染问题。

1.2.2 基于高空遥感的糖料蔗水分胁迫

我国是世界第三大甘蔗种植国，紧随巴西与印度之后。在我国，甘蔗所生产出来的糖占总糖生产量的 90%，它是我国南方主要的经济作物之一（Li 和 Yang，2015）。但是在我国甘蔗种植区，80%以上的甘蔗种植区未得到灌溉，全部靠雨养，这不利于我国甘蔗产业的发展。广西作为我国主要甘蔗种植区，甘蔗种植面积占我国甘蔗种植总面积的 65%以上。根据我国最新的工业调整方案，广西将继续作为三大主要甘蔗种植区之一（Fu，2013）。但是，广西的甘蔗种植面积及产量的时空变化特征却未得到研究，这对广西甘蔗产业的发展不利。

Gawander（2017）指出，在绝大多数的发展中国家，甘蔗产量在时间及空间上因为降雨及气温不均从而具有巨大差异。作为最大发展中国家，我国的甘蔗产量经常遭受不均匀降雨及低温的危害。广西具有典型的季风性气候，绝大多数降雨集中在夏季，在春秋两季降雨少（Li和Yang，2015）。不均匀降雨导致极端事件出现，使甘蔗不仅因长时间少雨遭受干旱，同时还因暴雨或长时间连续降雨而遭受涝灾或渍害（Zhao和Li，2015）。结果是，甘蔗因不能及时灌溉与排水而生长受限，甚至出现死亡（Greenland，2005；Liu等，2014；Zhao和Li，2015）。研究表明，不均匀降雨已经成为制约广西甘蔗产量的主要因素（Li，2004；Li和Yang，2015）。这就要求管理者及政策制定者需要了解极端降雨的规律并制定对策（Liu等，2014）。同时，近年来研究显示，低温同样严重导致甘蔗减产，尤其是在2008年9月、2010年11月榨季（Li和Yang，2014；Li等，2011）。因此分析甘蔗产量的时空变化规律及其因素对于制定最优管理决策至关重要，主要包括碳汇、耕作方式、灌溉方法及制度、排水方法及制度、施肥管理与防治营养流失等。这些工作因不同地点及时间而有差异，因此提取甘蔗种植面积与估计产量成为了最基本的工作（Zhao和Li，2015）。

传统的地面作物面积统计是一个耗时且耗力的工作，统计的面积一般为点数据，空间代表性差。遥感技术能实时监测陆表信息且可靠，在提取作物种植面积及监测作物生长状态方面获得了广泛应用。Abdel-Rahman和Ahmed（2008）总结了过去20年来基于遥感技术的甘蔗种植识别研究进展。但是以往传统的基于遥感技术的提取方法只能用于与甘蔗具有明显差异的作物混合区（Lee-Lovick和Kirchner，1991；Tardin等，1992；Narciso和Schmidt，1999；Hadsarang和Sukmuang，2000；Markley等，2003；Xavier等，2006）。对于一些地面覆盖类型（如草地），传统的方法难以区分出甘蔗。近年来，基于目标影像分析和数据挖掘（Object Based Image Analysis and Data Mining，OBIA-DM）的提取方法提供了一种新的种植面积提取途径（Vieira等，2012）。OBIA可以刻画甘蔗的特征，DM在OBIA的基础上利用特征甄别遥感像元，进而达到提取甘蔗面积的目的。OBIA-DM方法能将甘蔗从夏季作物、草类以及森林等背景中提取出来。其核心思想是利用系列遥感影像基于甘蔗的物候特征提取甘蔗。在巴西圣保罗州（Vieira 等，2012）以及我国濉溪县（Zhou 等，2015）利用 OBIA - DM 方法成功提取甘蔗种植面积。

当种植面积提取之后，难点在于如何基于遥感数据大面积估计甘蔗的实际产量。根据 Abdel - Rahman 和 Ahmed（2008）的总结，已有的区域估产统计模型很难利用于区域估计，原因是模型经验性太强，不具有通用性。总结中指出，综合作物模型和甘蔗遥感估计的作物参数（如 LAI）即数据同化的方法为估计区域甘蔗产量提供了一条途径。目前有众多甘蔗作物模型被广泛应用于研究，例如 Canegro（Inman - Bamber，1991）、APSIM - Sugarcane（Keating 等，1999），SWAP - WOFOST - Sugarcane（van Diepen 等，1988）等模型。作物模型主要通过模拟土壤、水肥、大气及植被之间的物理过程来预测产量。虽然作物模型可以作为一个很好的研究性工具以帮助认识作物的生长过程，但是作物模型结构复杂，因模型结构、参数、输入数据、田间管理信息及观测数据等的不确定性，作物模型难以在数据缺乏地区良好的估计产量（de Wit 和 van Diepen，2007；Hansen 和 Jones，2000；Hu 等，2017，2019）。虽然遥感数据提供了区域观测数据，但是因土壤、水分、养分及田间农艺措施等信息的匮乏也不能获得准确的产量估计（Hu 等，2017，2019）。因此数据同化在区域应用时也有其局限性。Loften 等（2012）基于甘蔗物候特征改进了传统的统计模型（如 Sandhu 等，2012；Fernando 和 Mara，2010；Simões 等，2005），但是需要给定特征的物候时间，这在区域应用上提出了巨大的挑战。Hu 等（2019）基于甘蔗全物候过程及甘蔗生长特征，建立了通用性甘蔗产量估计统计模型，并取得了良好的预测效果。

虽然 Zu 等（2018）分析了我国南方甘蔗种植四省潜在产量的时空规律，但是其结果及分析是基于点试验站，而且仅仅是潜在产量数据，并未给出良好的种植面积及实际产量时空变化规律，同时缺乏对甘蔗产量影响因子的系统分析，特别是区域需水、降雨及气温的良好分析。

基于前面的总结，针对甘蔗种植面积及产量的时空变化规律和甘蔗产量影响因子特别是降雨与气温的研究具有重要价值。本书研究的目的是：①提取 2004—2016 年广西甘蔗种植面积；②估计研究时间内的甘蔗实际产量；③分析种植面积、产量的时空变化规律。

2 试验设计、方法及数据采集

2.1 试验设计

项目区位于崇左市江州区太平镇驮逐村陇铎屯，面积300亩，种植品种为柳城05-136，采用均匀行种植，行宽1.0m，种植时间为2017年4月上旬。项目区内设置试验小区，对糖料蔗地表滴灌的水肥效益进行试验和实施节水灌溉与无灌溉对比试验。试验共设置92个处理，采取简比方式，1-1～30-1、1-2～30-2、1-3～30-3小区为田间试验，小区面积为$64m^2$；31内、31外小区为大棚试验，小区面积为$36m^2$。

2.1.1 2016年试验设计

灌溉按照土壤含水率下限控制来设计不同灌水水平，苗期土壤含水率上下限为田间持水量的60%～85%，分蘖期土壤含水率上下限为田间持水量的60%～85%，伸长期土壤含水率上下限为田间持水量的65%～90%，成熟期土壤含水率上下限为田间持水量的55%～80%；灌水量设置该水平的0、50%、80%、100%、150%五个梯度。

施肥按照苗期15%、分蘖期15%、伸长期70%的比例分配，并设置0、30%、80%、100%、120%五个水平。100%水平有效肥量为：氮（N）24.41kg/亩、钾（K）12.21kg/亩、磷（P）36.62kg/亩。尿素有效肥量比例为46.5%，钾肥有效肥比例为60%，复合肥N∶P∶K有效肥量比例为15∶15∶15。复合肥∶尿素∶钾肥施用比例为3.1∶1∶1.55。

2.1.2 2017年试验调整

根据2016年的试验成果，结合广西农科院李杨瑞教授团队的意见，对试验设置进行了调整。调整的结果如下：

（1）灌水量下限调高5%，保证甘蔗持续干旱，苗期土壤含水率上下限为田间持水量的65%～85%，分蘖期土壤含水率上下限为田间持水量的65%～85%，伸长期土壤含水率上下限为田间持水量的70%～90%，成熟期土壤含水率上下限为田间持水量的60%～80%；灌水量设置该水平的0、50%、80%、100%、150%五个梯度。

（2）施肥量降低80%；施肥按苗期15%、分蘖期15%、伸长期70%的比例分配，并设置0、30%、80%、100%、120%五个水平。100%水平有效肥量为：N19.53kg/亩、K9.765kg/亩、P29.295kg/亩。尿素有效肥量比例为46.5%，钾肥有效肥量比例60%，复合肥N：P：K有效肥量比例为15：15：15。复合肥：尿素：钾肥施用比例为3.1：1：1.55。苗期施肥时间为2017年4月24日，分蘖期施肥时间为5月4日，伸长期施肥时间为6月7日。基肥为1.5t/亩猪粪，并拌用200kg/亩，苗期、分蘖期、伸长期施肥比例为10：20：70。

试验处理设置及实施情况见表2-1-1和表2-1-2。

表2-1-1　试验处理设置及实施情况表

处理编号	水肥次数	灌水量/(m^3/亩)	有效N/(kg/亩)	有效P/(kg/亩)	有效K/(kg/亩)
1-1	12	19.21	19.53	9.77	29.30
2-1	12	12.40	19.53	9.77	29.30
3-1	12	10.24	19.53	9.77	29.30
4-1	12	6.40	19.53	9.77	29.30
5-1	0	0.00	19.53	9.77	29.30
6-1	12	12.40	0.00	0.00	0.00
7-1	12	12.40	15.62	7.81	20.51
8-1	12	12.40	23.44	11.72	35.15
9-1	12	12.40	5.86	2.93	8.79
10-1	12	12.40	19.53	9.77	29.30

续表

处理编号	水肥次数	灌水量/(m³/亩)	有效N/(kg/亩)	有效P/(kg/亩)	有效K/(kg/亩)
11－1	12	12.40	19.53	9.77	29.30
12－1	12	12.40	19.53	9.77	29.30
13－1	12	12.40	19.53	9.77	29.30
14－1	12	12.40	19.53	9.77	29.30
15－1	12	12.40	19.53	9.77	29.30
16－1	12	19.21	15.62	7.81	20.51
17－1	12	10.24	5.86	2.93	8.79
18－1	12	10.24	0.00	0.00	0.00
19－1	12	10.24	15.62	7.81	20.51
20－1	12	10.24	23.44	11.72	35.15
21－1	12	6.40	15.62	7.81	20.51
22－1	12	6.40	23.44	11.72	35.15
23－1	12	6.40	5.86	2.93	8.79
24－1	12	6.40	0.00	0.00	0.00
25－1	0	0.00	5.86	2.93	8.79
26－1	0	0.00	15.62	7.81	20.51
27－1	0	0.00	0.00	0.00	0.00
28－1	0	0.00	0.00	0.00	0.00
29－1	12	12.40	0.00	0.00	0.00
30－1	12	12.40	19.53	9.77	29.30
1－3	12	19.21	19.53	9.77	29.30
2－3	12	12.40	19.53	9.77	29.30
3－3	12	10.24	19.53	9.77	29.30
4－3	12	6.40	19.53	9.77	29.30
5－3	0	0.00	19.53	9.77	29.30
6－3	12	12.40	0.00	0.00	0.00

续表

处理编号	水肥次数	灌水量/(m^3/亩)	有效N/(kg/亩)	有效P/(kg/亩)	有效K/(kg/亩)
7-3	12	12.40	15.62	7.81	20.51
8-3	12	12.40	23.44	11.72	35.15
9-3	12	12.40	5.86	2.93	8.79
10-3	12	12.40	19.53	9.77	29.30
11-3	12	12.40	19.53	9.77	29.30
12-3	12	12.40	19.53	9.77	29.30
13-3	12	12.40	19.53	9.77	29.30
14-3	12	12.40	19.53	9.77	29.30
15-3	12	12.40	19.53	9.77	29.30
1-2	12	19.21	19.53	9.77	29.30
2-2	12	12.40	19.53	9.77	29.30
3-2	12	10.24	19.53	9.77	29.30
4-2	12	6.40	19.53	9.77	29.30
5-2	0	0.00	19.53	9.77	29.30
6-2	12	12.40	0.00	0.00	0.00
7-2	12	12.40	15.62	7.81	20.51
8-2	12	12.40	23.44	11.72	35.15
9-2	12	12.40	5.86	2.93	8.79
10-2	12	12.40	19.53	9.77	29.30
11-2	12	12.40	19.53	9.77	29.30
12-2	12	12.40	19.53	9.77	29.30
13-2	12	12.40	19.53	9.77	29.30
14-2	12	12.40	19.53	9.77	29.30
15-2	12	12.40	19.53	9.77	29.30
16-2	12	19.21	15.62	7.81	20.51
17-2	12	10.24	5.86	2.93	8.79

续表

处理编号	水肥次数	灌水量/(m³/亩)	有效N/(kg/亩)	有效P/(kg/亩)	有效K/(kg/亩)
18-2	12	10.24	0.00	0.00	0.00
19-2	12	10.24	15.62	7.81	20.51
20-2	12	10.24	23.44	11.72	35.15
21-2	12	6.40	15.62	7.81	20.51
22-2	12	6.40	23.44	11.72	35.15
23-2	12	6.40	5.86	2.93	8.79
24-2	12	6.40	0.00	0.00	0.00
25-2	0	0.00	5.86	2.93	8.79
26-2	0	0.00	15.62	7.81	20.51
27-2	0	0.00	0.00	0.00	0.00
28-2	0	0.00	0.00	0.00	0.00
29-2	12	12.40	0.00	0.00	0.00
30-2	12	12.40	19.53	9.77	29.30
16-3	12	19.21	15.62	7.81	20.51
17-3	12	10.24	5.86	2.93	8.79
18-3	12	10.24	0.00	0.00	0.00
19-3	12	10.24	15.62	7.81	20.51
20-3	12	10.24	23.44	11.72	35.15
21-3	12	6.40	15.62	7.81	20.51
22-3	12	6.40	23.44	11.72	35.15
23-3	12	6.40	5.86	2.93	8.79
24-3	12	6.40	0.00	0.00	0.00
25-3	0	0.00	5.86	2.93	8.79
26-3	0	0.00	15.62	7.81	20.51
27-3	0	0.00	0.00	0.00	0.00
28-3	0	0.00	0.00	0.00	0.00
29-3	12	12.40	0.00	0.00	0.00
30-3	12	12.40	19.53	9.77	29.30
31内	26	8.15	19.53	9.77	29.30
32外	26	12.77	19.53	9.77	29.30

表 2-1-2　　试验处理设置对应表

处理编号	处理	处理编号	处理	处理编号	处理
1	W1.5F1	11	W1F1-f	21	W0.5F0.8
2	W1F1	12	W1F1-s	22	W0.5F1.2
3	W0.8F1	13	W1F1-c	23	W0.5F0.3
4	W0.5F1	14	W1F1-g	24	W0.5F0
5	W0F1	15	W1F1-r	25	W0F0.3
6	W1F0	16	W1.5F0.8	26	W0F0.8
7	W1F0.8	17	W0.8F0.3	27	W0F0
8	W1F1.2	18	W0.8F0	28	W0F0
9	W1F0.3	19	W0.8F0.8	29	W1F0
10	W1F1-m	20	W0.8F1.2	30	W1F1

注　2017 年的 1.0 倍比实际上对应 2016 年的 0.8 倍比，其他类推。

2.2　试验观测及数据采集

2.2.1　地面试验数据采集

（1）气象、蒸发数据。气象站采用 watchdog-2000 系列气象站自动监测，监测时间间隔为 1h，监测内容包括气压、太阳辐射、空气相对湿度、温度、降雨、风向、最大风速、平均风速、露点温度。蒸发站包括水面蒸发、土壤蒸发，水面蒸发采用自动监测蒸发站，土壤蒸发采用自制称重式株间蒸发站。

（2）土壤数据。土壤数据包括土壤理化性质、土壤酶活性、微生物量、微生物碳氮。土壤理化数据包括 pH、土壤全氮、土壤碱解氮、土壤速效钾、有机质。土壤酶活性包括尿酶、转化酶、过氧化氢酶。在田间取样。微生物碳氮后在广西大学实验室测量。土壤化学测量方法如下：

1）全氮测定：凯氏定氮法。

2）碱解氮测定：碱解扩散法。

3）速效磷测定：0.5mol/L$NaHCO_3$ 法。

4）速效钾测定：NH_4OAc 浸提，火焰光度法。

5）有机质的测定：重铬酸钾容量-外加热法。

（3）土壤水分数据。土壤水分数据采用 TDR－TRIM 管测量，测量间隔 3d，测量深度为地下 10cm、20cm、40cm、60cm、80cm。此外安装 3 台土壤墒情站持续监测土壤水分空间分布状况，数据采集间隔为 1h。

（4）作物生长指标。作物生长指标包括糖料蔗株高、茎高、株径、叶片数、锤度、LAI 以及干物质量等，除 LAI 采集间隔为 8d 以外，其他数据采集间隔均为 15d。植物叶片氮磷钾、叶绿素每个月监测一次。

（5）光合、呼吸作用。光合、呼吸作用每个月与无人机飞行同时检查 Li－6400XT portable photosynthesis system 仪器测量。

（6）光谱数据。光谱数据包括高清摄像、多光谱、热红外、高光谱、地面 ASD 光谱数据，数据采集为一个月一次。

（7）土壤微生物测定项目及方法。

1）土壤微生物量碳氮。

测定指标：微生物量 C(MBC)。

测试方法：土壤微生物量碳氮采用氯仿灭菌-K_2SO_4 提取法（Fumigation－extraction method，FE），浸提液中有机碳用重铬酸钾氧化-容量法测定。

测定指标：微生物量 N(MBN)。

测试方法：土壤微生物量氮采用熏蒸提取——全氮测定法测定。

2）微生物培养计数。

细菌用培养基：牛肉膏蛋白胨琼脂培养基（蛋白胨 5g，牛肉膏 3g，琼脂 18g，水 1L)。

真菌用培养基：马丁培养基（葡萄糖 10g，蛋白胨 5g，水

1L，琼脂 18g，10g/L 孟加拉红溶液，K_2HPO_4 1g，$MgSO_4 \cdot 7H_2O$ 0.5g 灭菌后加每 100mL 培养基加入链霉素 0.3mL）。

放线菌培养基：改良高氏I号培养基（淀粉 20g，琼脂 18g，水 1L，KNO_3 1g，K_2HPO_4 0.5g，$MgSO_4 \cdot 7H_2O$ 0.5g，$FeSO_4 \cdot 7H_2O$ 0.01g，NaCl 0.5g）。

固氮菌培养基：瓦克斯曼 77 号培养基（葡萄糖 10g，K_2HPO_4 0.5g，$MgSO_4 \cdot 7H_2O$ 0.2g，NaCl 0.2g，$MnSO_4 \cdot 4H_2O$ 10g/L 溶液 2 滴，$FeCl \cdot 6H_2O$ 10g/L 溶液 2 滴，蒸馏水 1L，10g/L 刚果红溶液 5mL，琼脂 18g）。

解磷菌培养基：无机磷细菌培养基［葡萄糖 10g，$Ca_3(PO_4)$ 210g，$(NH_4)2SO_4$ 0.5g，NaCl 0.3g，KCl 0.3g，$MgSO_4 \cdot 7H_2O$ 0.3g，$FeSO_4 \cdot 7H_2O$ 0.03g，$MnSO_4 \cdot 4H_2O$ 0.03g，蒸馏水 1L，琼脂 15～18g］。

（8）土壤酶活性测定。

1）转化酶活性测定方法：用化学方法测定，用 0.1mol/L 硫代硫酸钠滴定。

2）脲酶活性测定方法：靛酚蓝比色法，在 578nm 处分光光度计比色法。

3）过氧化氢酶活性测定方法：0.1mol/L $KMnO_4$ 滴定法。

2.2.2 高空遥感数据采集

2.2.2.1 数据类型

研究区域为广西全境。收集的数据分为地面数据与高空遥感数据两大类。

地面数据来源于国家气象站、行政区划图以及位于崇左市江州区的试验站。国家气象站共有 43 个，位于广西境内 25 个以及区周边 18 个，收集点辐射、气温、湿度、风速、风向等气象参数。行政区划图最小单位是县。地面试验站内 2016 年共有 75 个试验田块，在 2017 年增设 12 个田块共 87 个田块。试验站数据包括试验站安装的气象站测量的气象参数、地面测量的甘蔗叶面积指数（LAI）、通过 TRMM 管测量的土壤水分、利用低空无人机测量的多光谱影像计算的归一化差异植被指数（NDVI）、田间测量的各田块甘蔗产量等。

高空遥感数据主要包括我国高分（GF）系列卫星高清数码影像（图 2-2-1），美国、德国及意大利联合开发的 STRM 卫星数字高程影像（图 2-2-2），美国 NASA MODIS Terra 卫星 NDVI 影像（图 2-2-3），和美国 NASA TRMM 卫星降雨影像（图 2-2-4）。他们的原始空间分辨率分别为 1～4m，90m，250m 和 25km。

图 2-2-1 GF 卫星高清数码影像

图 2-2-2 STRM 卫星数字高程影像

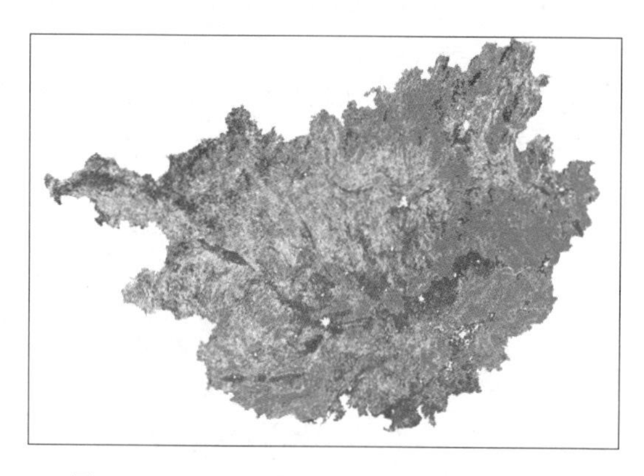

图 2-2-3 MODIS Terra 卫星 NDVI 影像

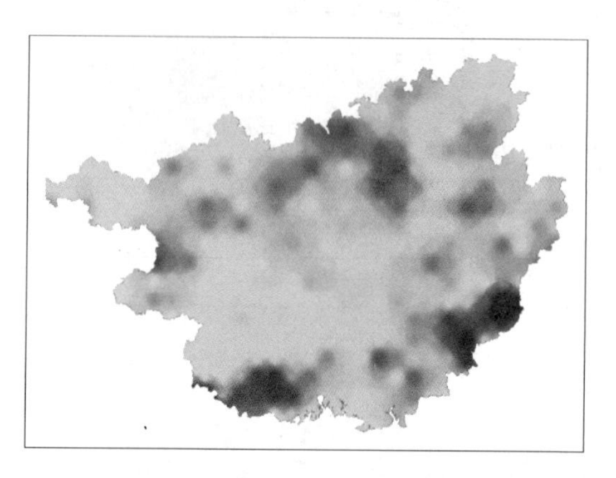

图 2-2-4 TRMM 卫星降雨影像

MODIS NDVI 影像主要用来提取甘蔗的种植面积和估计产量。获得的甘蔗种植面积空间分辨率为 250m，地面数据中的辐射、温度数据以及数字高程影像、卫星降雨影像重采样或者差值获得 250m 的空间数据。GF 高清数码影像主要用来判定种植面积提取精度。

2.2.2.2 数据整理

地面数据测量及收集之后先进行标准化，然后以 Excel 形式进行存档，并附带数据说明书，需要时方便使用。

遥感数据因来源不同及格式不同，分别进行介绍如下：

1. GF卫星高清数码影像

本研究采用的GF高清数码影像由GF-2卫星观测得到，它是我国自主研制的首颗空间分辨率优于1m的民用光学遥感卫星，搭载两台高分辨率1m全色、4m多光谱相机，具有亚米级空间分辨率、高定位精度和快速姿态机动能力等特点，有效地提升了卫星综合观测效能，达到了国际先进水平。高分二号卫星于2014年8月19日成功发射，8月21日首次开机成像并下传数据。这是我国目前分辨率最高的民用陆地观测卫星，星下点空间分辨率可达0.8m，标志着我国遥感卫星进入了亚米级“高分时代”。主要用户为国土资源部、住房和城乡建设部、交通运输部和国家林业局等部门，同时还将为其他用户部门和有关区域提供示范应用服务。因高分数据价格昂贵，目前只是针对需要下载了61个碎片数据，利用其高分辨率进行空间采样，对甘蔗种植面积精度进行验证。

2. STRM卫星数字高程影像

STRM卫星数据由美国太空总署（NASA）和国防部国家测绘局（NIMA）以及德国与意大利航天机构共同合作完成联合测量，其空间分辨为90m。通过美国NASA网站下载之后，采用ArcGIS重采样至250m空间分辨率，以获得与提取的甘蔗种植面积相同的分辨率，方便后续分析使用。

3. MODIS Terra卫星NDVI影像

MODIS是搭载在Terra和Aqua卫星上的一个重要传感器，是卫星上唯一将实时观测数据通过x波段向全世界直接广播，并可以免费接收数据并无偿使用的星载仪器，全球许多国家和地区都在接收和使用MODIS数据。它的主要目的是：实现从单系列极轨空间平台上对太阳辐射、大气、海洋和陆地进行综合观测，获取有关海洋、陆地、冰雪圈和太阳动力系统等信息；进行土地利用和土地覆盖研究、气候的季节和年际变化研究、自然灾害监测和分析研究、长期气候变率和变化以及大气臭氧变化研究等；进而实现对大气和地球环境变化的长期观测和研究的总体（战略）目标。

数据从 MODIS 官方网页预订下载。下载数据为碎片数据，必须进行拼接：首先采用 MRT tool 软件（MODIS 官方开发并免费提供）提取碎片数据中的 NDVI 数据影像（空间分辨率为 250m），得到 TIFF 格式数据，然后利用 MRT tool 对同一天的碎片数据进行拼接，因数据量大，所有数据提取及拼接工作均编程完成。

4. TRMM 卫星降雨影像

“热带降雨测量任务”（Tropical Rainfall Measuring Mission，TRMM）卫星是专门用于定量测量热带、亚热带降雨的气象卫星，属于“地球观测系统” （EOS），由美国国家航空航天局（NASA）、日本宇宙开发事业团（NASDA）联合研制。NASA 负责卫星本体、4 种仪器和运行系统，NASDA 负责测雨雷达和卫星发射。TRMM 卫星资料在热带降水的测量、降水预报准确率的提高、暴雨研究、预报模式的数据同化、热带海面温度反演、热带气旋的观测等方面均有较好的应用。另外，它的闪电图像仪及云和地球辐射能量系统的测量资料在热带和亚热带的闪电分布和气候模式研究方面也有很大的应用价值。

TRMM 卫星可以提供每日的空间分辨率约为 25km，数据可以同美国 NASA 官方网站进行下载。采用基于 ArcGIS 的 Python 编程处理，获取数据之后，采用反平方空间加权插值法获取空间分辨率为 250m 的数据。虽然数据空间分辨率为 250m，但是实际使用中采用县级融合数据，因此采用空间差值不会对结果产生巨大影响。

2.2.3 低空遥感数据采集与解译的基本原理

2.2.3.1 高清数码

1. 原理简介

随着时代的发展，通过遥感进行农情监测由于能够快速、准确地获取作物的生理指标，已经成为人们研究的焦点。卫星遥感虽然数据易得，但存在着分辨率不够高、时域长、易受大气干扰等问题。基于无人机（Unmanned Aerial Vehicle，UAV）的低空遥感技术可以实时获取高分辨率的光谱图像，机动性强。由于飞行高度低，受到的大气干扰较小。无人机运营成本相对低廉，具备民用推广的可行性，利用无人机遥感平台实施农情监测已经成为开展农业研究的前沿手段。

随着商业无人机市场的兴起，无人机正在逐步民用化。然而，搭载在无人机平台上的昂贵的光谱设备阻碍了低空遥感平台的推广。高清数码相机作为一种廉价的设备，可以通过其数码正射影像提取实验作物冠层红、绿、蓝通道辐亮度 DN 值，因而可以计算出绿红植被指数（Green Red Vegetation Index，GRVI）、可见光大气阻抗植被指数（Visible Atmospherically Resistant Index，VARI）、绿叶植被指数（Green Leaf Index，GLI）等可见光植被指数。

其次，通过在无人机上搭载低成本的 RGB 高分辨率数码相机获取高清数码图像，基于动态结构算法（Structure from Motion，SfM）可以建立三维立体的作物表面模型（Digital Crop Surface Models，CSMs），通过作物表面模型可以进一步提取株高。因此，高清数码相机是低空遥感农情系统中不可或缺的部分。

2. 实验设备

无人机遥感平台搭载索尼 Cyber - shot DSC - QX100 高清数码相机，主要参数为：①尺寸和质量为 62.5mm×62.5mm×55.5mm，179g；②2090 万像素 CMOS 传感器尺寸 13.2mm×8.8mm；③焦距 10.4mm。无人机遥感试验应在太阳光辐射强度稳定（一般在当天的 12：00—13：00）、天气晴朗无云时开展，飞行高度 50m，可以获取到 0.013m 空间分辨率真彩色数码相片。

3. 实验区各生育期数码正射影像

试验期间，总共在实验小区飞行采集数据 8 次，2016 年 5 月 14 日、6 月 5 日、6 月 28 日、7 月 17 日、8 月 6 日、8 月 31 日、10 月 2 日、12 月 4 日。8 次数据采集涵盖了糖料蔗所有生育期。其中，5 月 14 日采集的高清数码数据用来生成实验区的地面数字高程模型（Digital Elevation Model，DEM），用以反映实验区的地形情况。后面 7 次飞行的数码数据用以计算甘蔗全生育期的株高。图 2-2-5～图 2-2-11 为经过正射校正后的实验区糖料蔗全生育期的高清数码正射影像。

图 2-2-5　数码正射影像 6 月 5 日（苗期）

图 2-2-6　数码正射影像 6 月 28 日（分蘖期）

图 2-2-7 数码正射影像 7 月 17 日（伸长初期）

图 2-2-8 数码正射影像 8 月 6 日（伸长初期）

图 2-2-9 数码正射影像 8 月 31 日（伸长中期）

图 2-2-10　数码正射影像 10 月 2 日（伸长后期）

图 2-2-11　数码正射影像 12 月 4 日（成熟期）

植被冠层是指紧密分隔开的树木和它们的树枝的稠密顶层，在遥感获取地面植被的影像中，植株的冠层是主要研究对象。由于冠层聚集了植株大部分的叶片，通过研究植被冠层结构可以判断植株的生长状态以及反演相关的生理参数。

从图 2-2-5～图 2-2-11 的试验区高清数码正射影像可以看出糖料蔗全生育期内的长势变化。首先，从苗期到伸长中期，糖料蔗冠层长势由稀疏到茂密。也可以看出实验小区中的糖料蔗冠层从覆盖少量裸地到完全覆盖裸地的生长过程；伸长后期至成熟期由于糖分的累积造成叶片氮的“稀释效应”，糖料蔗下层叶片逐步衰老变黄，植株伸长也逐渐处于停滞状态；由于10月中旬台风的影响，实验区甘蔗出现大面积倒伏的现象，这种现象反映在图2-2-11成熟期正射影像中。通过评估图中小区内糖料蔗冠层结构以及向其他实验小区伸展情况，可以进一步评估实验区糖料蔗的倒伏程度。

再者，通过以上多时域的数码正射影像，可以通过模式识别提取实验区作物种植面积。监督分类（Supervised Classification）又称训练场地法，是模式识别的一种方法，是一种以建立统计识别函数为理论基础，依据典型样本训练方法进行分类的技术。即根据已知训练区提供的样本，通过选择特征参数，求出特征参数作为决策规则，建立判别函数以对各待分类影像进行的图像分类。通过提取小区内糖料蔗的冠层影像作为训练样本，使用具体的模式识别算法（如人工神经网络）进行训练，从而能够识别分类出正射影像中糖料蔗、裸地及其他植被类型或地物，从而进一步提取种植面积等参数。

4. 实验区各生育期作物表面模型CSM影像

作物表面模型（digital crop surface models，CSMs）可以在空间上反映作物的生长状况。作物表面模型中每一个像元点代表这个位置作物的冠层高度，因此，通过作物表面模型可以提取作物的株高等信息。

使用无人机数码影像建立作物表面模型的具体步骤为：对齐照片，建立点云，建立网格，输出模型。所有步骤在Agisoft photoscan 11.0里完成。图2-2-12～图2-2-18为建立好的各生育期的作物表面模型。

类似于数字高程模型（Digital Elevation Model，DEM），上图的作物表面模型CSM灰度影像的每一个像元值代表这一点的高程，由CSM影像可以直观地看到作物随时间的长势变化及倒伏情况。例如，苗期时，小区内与小区外走道的图像对比度较低，说明作物较矮。随着作物长高，小区内与小区外的图像对比度升高，以至于可以清晰地分辨出实验小区的形状；图2-2-16所示的

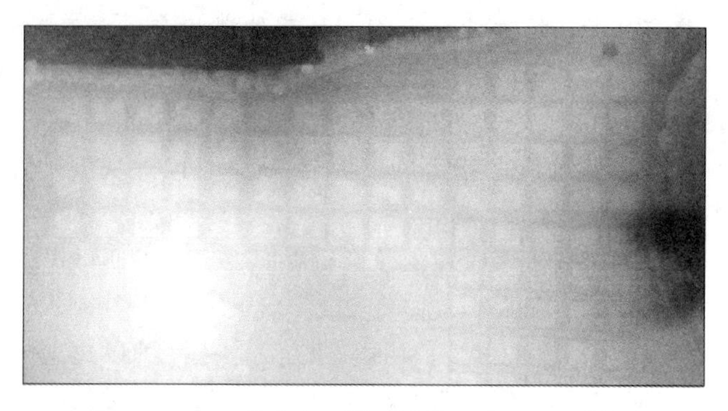

图 2-2-12 作物表面模型影像 6 月 5 日（苗期）

图 2-2-13 作物表面模型影像 6 月 28 日（分蘖期）

图 2-2-14 作物表面模型影像 7 月 17 日（伸长初期）

图 2-2-15　作物表面模型影像 8 月 6 日（伸长初期）

图 2-2-16　作物表面模型影像 8 月 31 日（伸长中期）

图 2-2-17　作物表面模型影像 10 月 2 日（伸长后期）

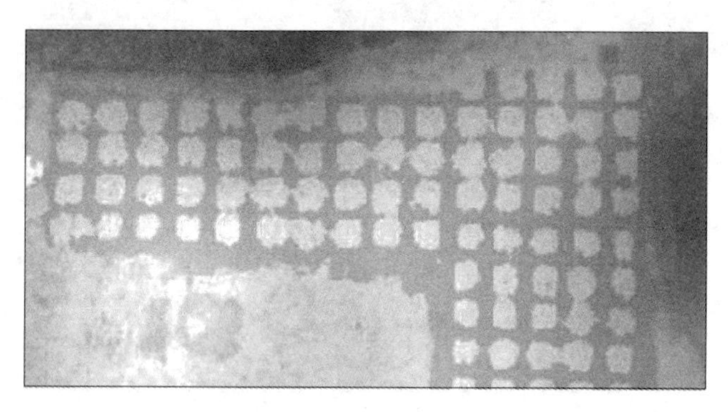

图 2-2-18 作物表面模型影像 12 月 4 日（成熟期）

8 月 31 日的影像可以发现少量小区的糖料蔗向外围伸展，这是因为受到 8 月上旬的台风的影响，少量糖料蔗已经向四周倒伏；图 2-2-18 所示的 12 月 4 日的影像中，大量实验小区互相粘结，形状不规整，这是因为在 10 月下旬的台风影响下，大面积糖料蔗向实验小区四周倒伏。

2.2.3.2 多波段数据

Herwitz（2002）最先在 NASA 支持下，证实了可以利用无人机对夏威夷 1500hm^2 科纳咖啡树进行病虫害和灌溉施肥异常的监测。Berni（2009）利用无人机搭载多光谱相机和热像仪实现了对作物 LAI、叶绿素、作物缺水系数 CWSI 的提取。孙棋（2008）通过无人机遥感成功解决了水稻氮素营养诊断问题，利用遥感测得 NDVI 也可实现针对棉花、马铃薯、冬小麦的氮营养诊断与施肥追肥模型建立，进而进行精准施肥管理（李新伟，2014；于静，2014；Lukina，2007）。Francisco（2015）利用无人机多光谱对向日葵进行遥感监测发现，计算的 NDVI 和作物产量、氮素含量有很强线性相关性，建立起来的相关关系能直接用于反演作物氮含量与产量。何亚娟（2013）利用 SPOT 遥感数据先反演出作物叶面积指数（LAI），然后利用作物生长模型，得到甘蔗的预测产量。

以 NDVI（归一化植被指数）为例：

$$NDVI=(\rho_{NIR}-\rho_{RED})/(\rho_{NIR}+\rho_{RED})$$

式中：ρ_{NIR}(800nm) 为红光反射率；ρ_{RED}(680nm) 为近红外波段反射率。

健康植被在近红外（700～1000nm）通常反射40%～50%的能量，在可见光植被只反射10%～20%的能量。在近红外波段反射率的大小反映了植被叶绿素含量以及将来干物质的结果，近红外波段是叶片健康状况最灵敏的波段，它对植被差异及作物长势反应敏感，指示着作物光合作用能否正常进行，可见光红波段被植被叶绿素强烈吸收，是光合作用的代表性波段。

无人机原始获取的多光谱影像通过正射校正，几何拼图并在ENV5.1中进行指标运算，并利用ArcGIS进行结果处理。图2-2-19和图2-2-20分别是原始拼接的伪彩色图片以及计算的NDVI分布图。

图2-2-19　分蘖期多光谱伪彩色图（7月1日）

2.2.3.3　热像仪数据

热红外信息能够直接有效的反应作物缺水状况，其原理为当作物水分不足时，气孔开度明显减小，由蒸腾作用带走的热量也随之减小，因此导致叶片温度升高，而温度的变化能够直接通过热像仪来对作物冠层温度进行监测，进而监测作物水分状况并对灌溉进行指导（Jones，2004）。

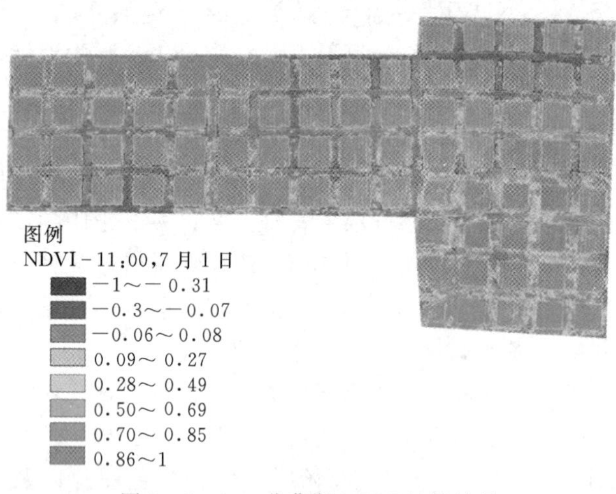

图 2-2-20 分蘖期 NDVI 计算结果

无人机低空遥感由于具备对大面积区域进行遥感信息的高效获取能力，可以满足搭载热像仪对大面积作物进行热红外监测研究。国内目前利用无人机热红外进行作物水分状况研究鲜有报道。在国外，Jackson 早在 1981 年就提出了利用 CWSI（作物缺水系数）进行监测作物水分状况；Padhi（2012）、Pou（2014）、Lima（2015）等利用无人机搭载热像仪获取的 CWSI 对棉花、葡萄、木瓜等作物水分状况监测，发现 CWSI 和叶片气孔导度（gs）具有明显的负相关，IG 和 gs 具有明显的正相关。

广西近年来旱灾频繁，在 2001—2010 年就出现过 3 次三季或四季连旱。干旱对甘蔗产量影响很大。据报道，在 2010 年由于干旱导致广西甘蔗减产面积高达 6 万 hm^2（黄晶华，2011）。因此对于在干旱情况即水分胁迫大的状况下的甘蔗热信号解读研究很有必要。试验计划利用热像仪（红外波段 7.5～13μm）监测甘蔗冠层温度，根据测得的温度计算包括作物缺水指数（CWSI）在内的气孔导度参数 IG、I 3、Tleaf、ΔTleaf-air 等反应作物缺水状况的参数（Baluja，2012；Lima，2015），进而利用这些参数和甘蔗叶片气孔导度 gs 建立相关关系，并尝试使用获取的相关关系对灌溉进行指导，并为后续的精准灌溉模式研究打下基础。

利用无人机拍摄的热原始 xls 文件转换为 tif 图像文件，进行图像拼接程序处理，获取完整的冠层温度情况，如图 2-2-21 和图 2-2-22 所示。

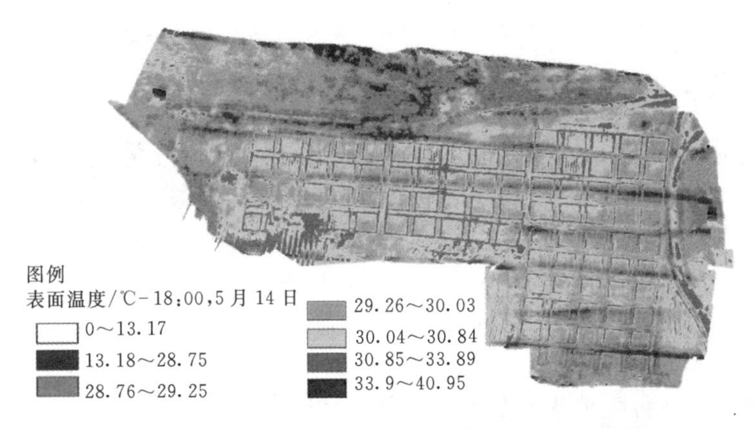

图 2-2-21　5 月 14 日 14：00 无人机获取冠层温度情况

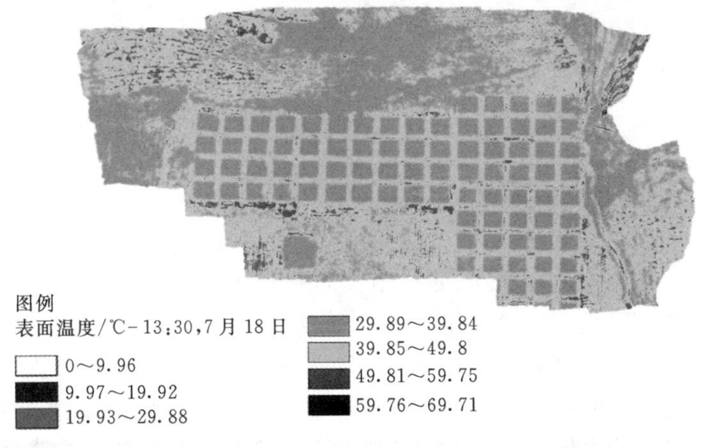

图 2-2-22　7 月 18 日 14：30 无人机获取冠层温度情况

2.2.3.4 地物光谱仪（ASD）数据

1. 原理简介

高光谱分辨率遥感（Hyperspectral Remote Sensing），简称高光谱遥感，是指利用很多很窄的电磁波波段从感兴趣的物体获取有关光谱数据，其基础是光谱学。光谱学起源于20世纪20年代，在分子、原子结构理论和量子力学基础上发展起来的，是用于识别分子、原子类型及其结构的实验科学。20世纪80年代建立起来的成像光谱学，是在电磁波谱的紫外、可见光、近红外和中红外区域获得许多窄而连续的波谱图像数据的技术，这种记录的光谱数据能用于多学科的研究之中，它奠定了高光谱遥感的技术基础，也是高光谱遥感建立的标志。利用高光谱遥感数据，一方面，可以通过目标的空间几何形状分析对目标特征进行分析、识别和定位；另一方面，可以通过目标的波谱特性来确认或揭示目标的本质属性。高光谱遥感具有光谱分辨率高、波段连续性强、光谱信息量大等特点。众多的波段可供利用及很高的光谱分辨率，使得高光谱遥感具有广泛的应用前景。

2. 使用仪器

地物光谱仪为Fieldspec 4（ASD. INC US）。采集光谱范围：350～2500nm。光谱分辨率可见光区Vis/VNIR（350～1000nm）为3nm；近红外区SWIR（1001～2500nm）根据不同设置可为NG - Res：6nm，Hi - Res：8nm，Standard - Res：10nm，Wide - Res：30nm。

3. ASD光谱曲线

使用ASD通过标准白板校正后可以测取地物的相对反射率曲线，如图2-2-23所示。植被的光谱反射或发射特性是由其组织结构、生物化学成分和形态学特征决定的，而这些特征与植被的发育、健康状况以及生长环境等密切相关。与岩石、土壤、水体等地物的光谱特征迥然不同，绿色植物的反射光谱表现为蓝光和红光的大部分为叶绿素所吸收，并消耗于植物的光合作用。绿光大部分为叶绿素所反射，红外辐射虽然不受叶绿素的影响，但受植物叶片构造中栅状组织的多次散射，在近红外谱段形成高反射平台。一般情况下，植被在一范围内具有以下几种典型的反射光谱特征。

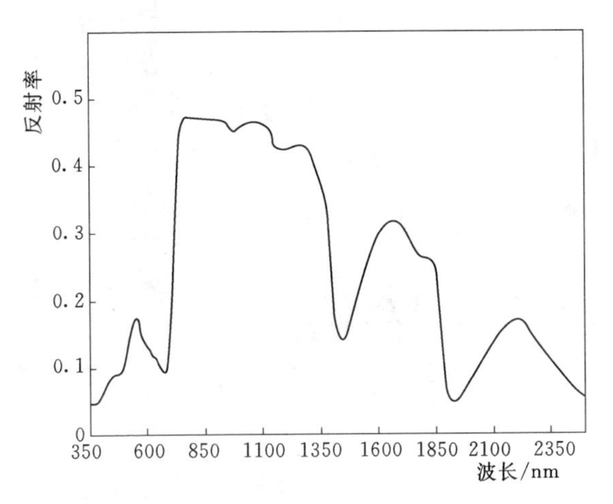

图 2-2-23 甘蔗叶片 ASD 全波段反射率

(1) 350～490nm 谱段：由于 400～450nm 谱段为叶绿素的强吸收带，425～490nm 谱段为类胡萝卜素的强吸收带，因此该谱段的平均反射率很低，反射光谱曲线的形状也很平缓。

(2) 490～600nm 谱段：由于 550nm 波长附近是叶绿素的强反射峰区，故植被在此波段的反射光谱曲线具有波峰的形态和中等的反射率数值。

(3) 600～700nm 谱段：650～700nm 谱段是叶绿素的强吸收带，故植被在此范围的反射光谱曲线具有波谷的形态和很低的反射率数值。

(4) 700～750nm 谱段：又称红边（Red edge），植被的反射光谱曲线在此谱段急剧上升，具有陡而近于直线的形态，包含重要的光谱信息。

(5) 750～1300nm 谱段：植被在此波段具有强烈反射的特性，可理解为植物防灼伤的自卫本能，因此此波段具有较高反射率的数值。

(6) 1300～1600nm、1800～2100nm、2350～2500nm 为水分强吸收带，因此植物光谱出现波谷的形态。

图 2-2-24 为全部小区甘蔗叶片 ASD 全波段反射率图（10 月 2 日），图中反映了全部小区叶片光谱的变异性，通过计算各种植被指数来代表所有实验小区的光谱特征，可以与实测的作物生理参数（如叶片氮含量、叶绿素、糖分等）建立回归预测模型。

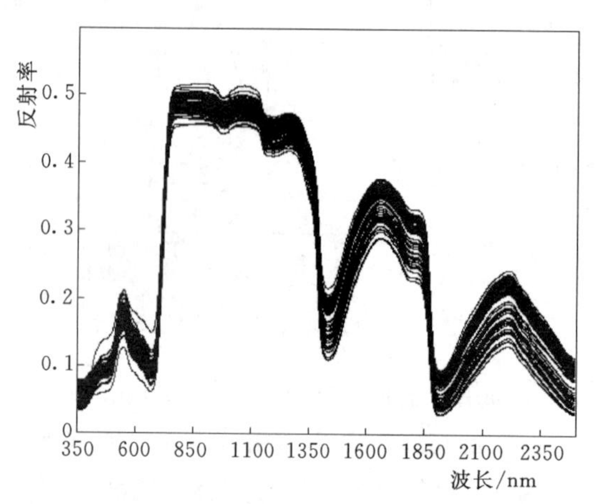

图 2-2-24 全部小区甘蔗叶片 ASD 全波段反射率
（10 月 2 日，$n=75$）

如果直接使用全波段反射率曲线回归作物参数，得到的相关系数曲线往往值比较低。因此，在处理光谱曲线的过程中，通常会对光谱反射率曲线取一阶导，从而使得光谱曲线包含更多的信息量，如图 2-2-25 所示。

2.2.3.5 机载高光谱数据

传统宽波段传感器无法获取连续的光谱分辨率很高的信息。高光谱遥感可以获取许多非常窄且光谱连续图像数据，为遥感反演植被生化参数提供了条件。相对于地面 ASD 地物光谱仪的数据，高光谱数据能够立体的更丰富的三维数据。

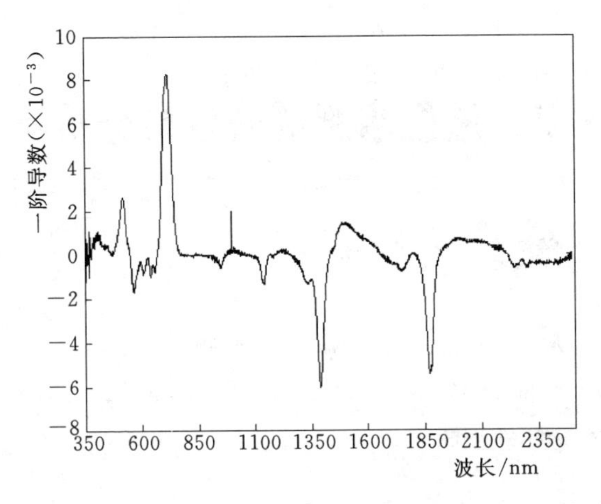

图 2-2-25　甘蔗叶片 ASD 全波段反射率一阶导数曲线

3 蔗区水肥试验效果分析

3.1 土壤氮素时空特性

本节的数据来源于2016年试验观测，其中，2016年的0.8倍比实际上对应2017年的1.0倍比，其他类推。

3.1.1 氮素时空特性

3.1.1.1 植物全氮

甘蔗全氮含量与施肥量关系见图3-1-1。甘蔗叶片全氮含量见表3-1-1。

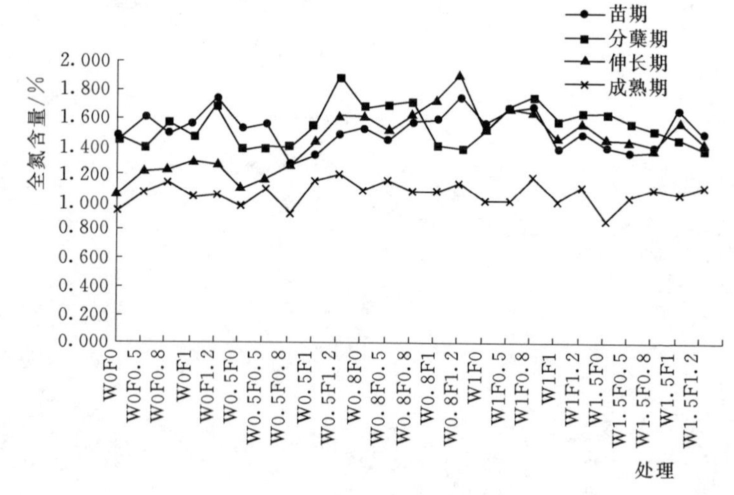

图3-1-1 甘蔗全氮含量与施肥量关系图

(1) 当灌溉量为0时，苗期在处理W0F0.5到达一个峰值，分蘖期、伸长期和成熟期在处理W0F0.8达到峰值。说明过量的肥料施用不能提高叶片全氮含量，造成肥料的浪费。

(2) 当灌溉量为50%时，分蘖期和成熟期甘蔗叶片全氮含量在处理 W0.5F0.5 上升，之后又下降。苗期和伸长期叶片全氮含量随着施肥量的增加而增加。

(3) 当灌溉量为80%时，苗期和伸长期叶片全氮含量随着施肥的增加而增加，分蘖期叶片全氮在处理 W0.8F0.8 达到最大值，成熟期叶片全氮含量在处理 W0.8F0.8 和处理 W0.8F1.2 达到峰值。

(4) 当灌溉量为100%时，四个时期的叶片全氮含量变化趋势相同，都是先增加，后降低，在处理 W1F0.8 达到峰值。

(5) 当灌溉量为150%时，苗期、伸长期和成熟期叶片全氮含量随着施肥量的增加叶片全氮含量增加。苗期和伸长期在处理 W1.5F1 达到最大值，成熟期在处理 W1.5F1.2 达到最大。分蘖期全氮含量随着施肥量的增加而下降。

(6) 从甘蔗整个生育期来看，成熟期叶片全氮含量下降明显。

表 3-1-1　　甘蔗叶片全氮含量　　%

处理	苗期	分蘖期	伸长期	成熟期
W0F0	1.41±0.06 ghij	1.47±0.01 fghij	1.07±0.04 j	0.94±0.14efg
W0F0.5	1.61±0.04 bcd	1.38±0.11 ij	1.22±0.07 hij	1.06±0.03 abcde
W0F0.8	1.48±0.06 efghi	1.58±0.09 cdef	1.23±0.07 hij	1.14±0.05 abc
W0F1	1.56±0.14 bcde	1.45±0.02 fghij	1.29±0.06 fghij	1.02±0.08 bcdef
W0F1.2	1.75±0.08 a	1.69±0.14 bcd	1.26±0.16 fghij	1.04±0.08 bcdef
W0.5F0	1.51±0.02 defg	1.35±0.09 j	1.09±0.15 j	0.97±0.07 defg
W0.5F0.5	1.56±0.1 bcde	1.4±0 ghij	1.16±0.09 ij	1.08±0.03 abcde
W0.5F0.8	1.26±0.05 k	1.39±0.13 hij	1.25±0.04 ghij	0.92±0.02 fg
W0.5F1	1.32±0.06 jk	1.54±0.15 defgh	1.41±0.17 defgh	1.14±0.08 abc
W0.5F1.2	1.48±0.08 efghi	1.91±0.04 a	1.61±0.19 bcde	1.19±0.05 a
W0.8F0	1.54±0.07 cdef	1.66±0.02 bcde	1.61±0.05 bcde	1.08±0.05 abcde
W0.8F0.5	1.43±0.11 fghij	1.69±0. bcd	1.5±0.1 bcdef	1.15±0.04 abc

续表

处理	苗期	分蘖期	伸长期	成熟期
W0.8F0.8	1.58±0.07 bcde	1.72±0.13 bc	1.62±0.2 bcde	1.07±0.08 abcde
W0.8F1	1.58±0.01 bcde	1.4±0.05 ghij	1.72±0.16 ab	1.07±0.07 abcde
W0.8F1.2	1.77±0.04 a	1.36±0.18 ij	1.91±0.15 a	1.13±0.08 abc
W1F0	1.54±0.04 cdef	1.5±0.09 efghij	1.48±0.07 cdefg	1.01±0.06 cdef
W1F0.5	1.65±0.08 abc	1.68±0.02 bcd	1.69±0.18 bc	1.02±0.06 cdef
W1F0.8	1.67±0.06 ab	1.77±0.06 ab	1.64±0.21 bcd	1.16±0.06 ab
W1F1	1.36±0.01 jk	1.58±0.17 cdef	1.42±0.07 defgh	1.01±0.08 cdef
W1F1.2	1.5±0.02 defgh	1.64±0.17 bcde	1.57±0.06 bcde	1.1±0.09 abcd
W1.5F0	1.39±0.06 hij	1.64±0.01 bcde	1.43±0.11 defgh	0.86±0.03 g
W1.5F0.5	1.34±0.1 jk	1.55±0.08 defg	1.44±0.06 defgh	1.03±0.08 bcedf
W1.5F0.8	1.38±0.04 ij	1.51±0.11 efghi	1.38±0.11 efghi	1.09±0.13 abcd
W1.5F1	1.66±0.1 ab	1.45±0.03 fghij	1.58±0.13 bcde	1.05±0.05 abcdef
W1.5F1.2	1.48±0.05 efghi	1.36±0.1 ij	1.42±0.13 defgh	1.11±0.08 abcd

3.1.1.2 植物全磷

甘蔗全磷与施肥量关系见图 3-1-2。甘蔗叶片全磷含量见表 3-1-2。

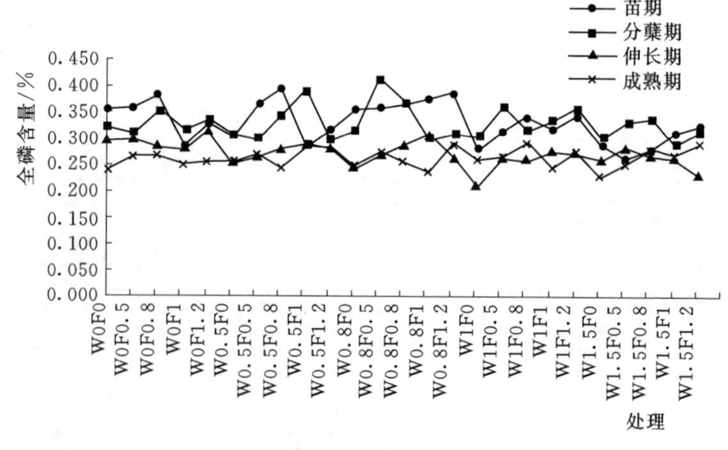

图 3-1-2 甘蔗全磷含量与施肥量关系图

表 3-1-2　　甘蔗叶片全磷含量　　%

处理	苗期	分蘖期	伸长期	成熟期
W0F0	0.35±0.02 abcdefg	0.32±0.01 fghi	0.29±0.06 abc	0.24±0.03 cde
W0F0.5	0.36±0 abcdef	0.31±0 hijk	0.3±0.05 ab	0.27±0.01 abcde
W0F0.8	0.38±0.01 ab	0.36±0.01 bcd	0.28±0.02 abcd	0.27±0.01 abcde
W0F1	0.28±0.02 ijk	0.31±0.03 hij	0.28±0.03 abcd	0.25±0.02 bcde
W0F1.2	0.33±0.01 cdefgh	0.34±0.01 defg	0.32±0.03 a	0.25±0.01 abcde
W0.5F0	0.3±0 gijk	0.31±0 hijk	0.25±0.04 bcde	0.25±0.02 abcde
W0.5F0.5	0.36±0.01 abcd	0.3±0.01 jk	0.26±0.02 abcd	0.27±0.01 abcd
W0.5F0.8	0.39±0.02 a	0.35±0 cde	0.28±0.02 abcd	0.24±0 cde
W0.5F1	0.28±0.01 ijk	0.4±0.01 a	0.28±0.01 abcd	0.28±0.01 abc
W0.5F1.2	0.31±0 fghij	0.29±0.01 jk	0.29±0.03 abcd	0.28±0.01 abc
W0.8F0	0.36±0.02 abcdef	0.32±0.01 ghij	0.24±0 cde	0.25±0.02 cde
W0.8F0.5	0.36±0.02 abcde	0.42±0.03 a	0.27±0.01 abcd	0.27±0.03 abcde
W0.8F0.8	0.36±0.02 abcde	0.37±0.01 b	0.29±0.03 abcd	0.26±0.01 abcde
W0.8F1	0.38±0.01 abc	0.3±0.02 ijk	0.31±0.06 ab	0.24±0.01 de
W0.8F1.2	0.39±0.02 a	0.31±0.03 hijk	0.27±0.01 abcd	0.29±0 a
W1F0	0.28±0.01 jk	0.3±0.01 ijk	0.21±0.02 e	0.26±0.01 abcde
W1F0.5	0.31±0.01 efghij	0.36±0.01 bc	0.27±0.01 abcd	0.27±0.02 abcde
W1F0.8	0.34±0.01 bcdefgh	0.32±0.01 ghij	0.25±0.02 bcde	0.29±0.02 a
W1F1	0.32±0.02 efghij	0.34±0.01 defg	0.27±0.03 abcd	0.25±0.02 cde
W1F1.2	0.34±0.01 bcdefg	0.36±0.01 bcd	0.27±0.01 abcd	0.27±0.03 abcde
W1.5F0	0.28±0.01 ijk	0.3±0.01 ijk	0.26±0.01 bcde	0.23±0.05 e
W1.5F0.5	0.26±0.02 k	0.33±0.01 efgh	0.28±0.01 abcd	0.25±0.02 abcde
W1.5F0.8	0.28±0.02 ijk	0.34±0.01 cdef	0.27±0.02 abcd	0.28±0.03 abc
W1.5F1	0.31±0.01 ghij	0.29±0.01 k	0.26±0.03 bcd	0.27±0.01 de
W1.5F1.2	0.32±0.01 defghi	0.31±0.02 hij	0.23±0.01 de	0.29±0.02 ab

(1) 当灌溉量为 0 时，苗期、分蘖期和成熟期变化趋势相同，随着施肥量的增加先增后降，叶片全磷在处理 W0F0.8 达到最大值。

(2) 当灌溉量为 50%时，苗期、分蘖期和伸长期叶片全磷的变化随着施肥量的增加而增加。苗期和伸长期在处理W0.5F0.8达到峰值，分蘖期和成熟期在处理W0.5F1达到最大值。

(3) 当灌溉量为80%时，苗期和成熟期叶片全磷含量随着施肥量的增加而增加，分蘖期和成熟期叶片含量随着施肥量的增加先增加后降低，在处理W0.8F0.5达到最大值。

(4) 当灌溉量为100%时，分蘖期和伸长期叶片全磷含量在处理W1F0.5达到峰值，苗期和成熟期在处理W1F0.8达到峰值。

(5) 当灌溉量为150%时，苗期和成熟期叶片全磷含量随着施肥量的增加逐渐增大。分蘖期和伸长期叶片全磷含量随着施肥量的增加先增加后降低，在施肥量为80%时达到最大值。伸长期叶片全磷含量随着施肥量的增加先增加后降低，在施肥量为50%时达到最大值。

3.1.1.3 植物全钾

甘蔗全钾含量与施肥量关系见图3-1-3。甘蔗叶片全钾含量见表3-1-3。

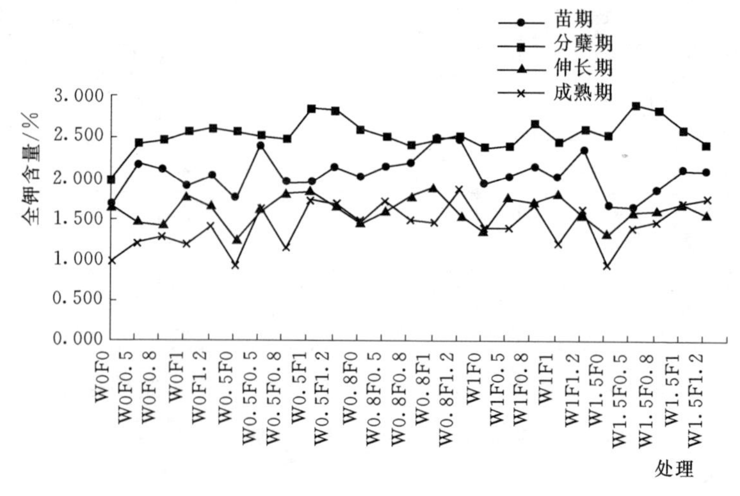

图3-1-3 甘蔗全钾含量与施肥量关系图

表 3-1-3　甘蔗叶片全钾含量　%

处理	苗期	分蘖期	伸长期	成熟期
W0F0	1.66±0.15i	2.00±0.13 k	1.62±0.11 abcde	0.98±0.1 jk
W0F0.5	2.18±0.07c	2.41±0.05 ghij	1.44±0.06 cdefg	1.2±0.05 ghij
W0F0.8	2.1±0.07 cde	2.45±0.03 efghi	1.39±0.13 defg	1.27±0.05 fghi
W0F1	1.88±0.12 fg	2.55±0.07 cdefg	1.78±0.21 ab	1.17±0.05 hij
W0F1.2	2.02±0.02 def	2.62±0.11 cde	1.64±0.18 abcd	1.4±0.06 efgh
W0.5F0	1.71±0.03hi	2.54±0.06 cdefgh	1.21±0.18 g	0.91±0.08 k
W0.5F0.5	2.39±0.07ab	2.51±0.03 defghij	1.58±0.18 abcde	1.63±0.04 abcde
W0.5F0.8	1.93±0.03 fg	2.44±0.17 fghij	1.79±0.22 ab	1.11±0.13 ijk
W0.5F1	1.93±0.06 fg	2.85±0.17 a	1.82±0.17 ab	1.73±0.35 ab
W0.5F1.2	2.14±0.04 cd	2.83±0.13ab	1.66±0.08 abcd	1.63±0.07 abcde
W0.8F0	2.01±0 def	2.58±0.06 cedf	1.44±0.04 cdefg	1.46±0.13 cdef
W0.8F0.5	2.12±0.06 cde	2.5±0.12 defghij	1.59±0.04 abcde	1.71±0.04 abc
W0.8F0.8	2.18±0.03 c	2.36±0.1 j	1.77±0.19 ab	1.48±0.06 bcdef
W0.8F1	2.51±0.03 a	2.47±0.13 defghi	1.88±0.15 a	1.45±0.17 defg
W0.8F1.2	2.48±0.12 ab	2.52±0.09 defghi	1.55±0.17 a	1.86±0.17 a
W1F0	1.91±0.03fg	2.38±0.07 ij	1.33±0.03 efg	1.39±0.08 efgh
W1F0.5	2±0.14 def	2.39±0.03 hij	1.77±0.1 ab	1.38±0.08 efgh
W1F0.8	2.13±0.07 cd	2.69±0.08 bc	1.66±0.24 abcd	1.66±0.23 abcde
W1F1	1.98±0.07 efg	2.43±0.1 fghij	1.78±0.21 ab	1.19±0.1 hij
W1F1.2	2.36±0.05 b	2.61±0.11 cd	1.54±0.13 bcdef	1.63±0.12 abcde
W1.5F0	1.65±0.08 i	2.51±0.06 defghij	1.28±0.27 def	0.92±0.07 k
W1.5F0.5	1.62±0.05 i	2.9±0.16 ab	1.56±0.02 bcdef	1.39±0.08 efgh
W1.5F0.8	1.85±0.07 gh	2.84±0.1 ab	1.59±0.1 abcde	1.45±0.05 cdefg
W1.5F1	2.1±0.15 cde	2.6±0.03 cde	1.69±0.02 abc	1.66±0.22 abcd
W1.5F1.2	2.08±0.19 cde	2.42±0.03 ghij	1.55±0.08 bcdef	1.73±0.21 ab

（1）从整个生育期来看，分蘖期叶片全钾含量最高，甘蔗生长后期叶片全钾含量明显下降，成熟期全钾含量最低。

（2）当灌溉量为零，苗期叶片全钾含量在处理 W0F0.5 达到最大值，分蘖期叶片全钾含量随着施肥量的增加逐渐增大，在施肥量超过 50%后，增加不明显。伸长期叶片全钾含量在处理

W0F1 达到最大值，成熟期全钾含量随着施肥量的增加而增加，在处理 W0F0.8 达到一个峰值。

(3) 当灌溉量为 50%时，苗期、分蘖期和成熟期叶片全钾含量达到一个峰值，伸长期在处理 W0.5F0.8 达到峰值。

(4) 当灌溉量为 80%时，苗期和伸长期叶片全钾含量随着施肥量的增加而增加，在处理 W0.8F1 达到最大值。分蘖期叶片钾含量随着施肥量的增加变化不明显，成熟期叶片全钾含量随着施肥量的增加先增加后降低，在处理 W0.8F0.5 达到一个峰值。

(5) 当灌溉量为 100%时，苗期、分蘖期和成熟期，叶片全钾含量在处理 W1F0.8 达到峰值，伸长期处理 W1F0.5、W1F0.8、W1F1 全钾含量变化不显著。

(6) 当灌溉量为 150%时，苗期、伸长期和成熟期叶片全钾含量随着施肥量的增加而增加，分蘖期叶片全钾含量在处理 W1.5F0.5 达到最大值。

3.1.1.4 土壤有机质

土壤有机质含量与施肥量关系见图 3-1-4 和表 3-1-4。

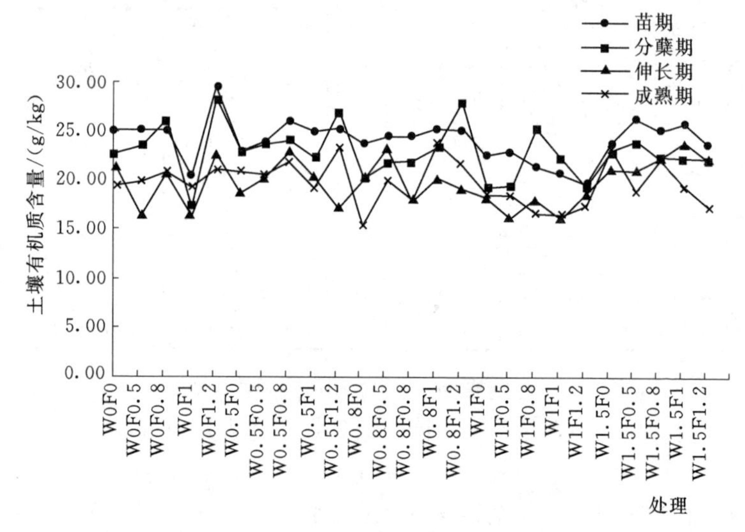

图 3-1-4 土壤有机质含量与施肥量关系图

表 3-1-4　　　　土壤有机质含量　　　　单位：mg/kg

处理	苗期	分蘖期	伸长期	成熟期
W0F0	24.8±0.24 d	22.77±0.14 gh	21.06±0.58 abcdef	19.38±3.67 bcdef
W0F0.5	24.95±0.27 cd	23.31±0.15 f	16.18±1.24 fg	19.79±1.01 abcdef
W0F0.8	25.04±0.13 cd	26.02±0.11 c	20.64±0.42 abcdefg	20.6±1.37 abcd
W0F1	20.06±0.03 jk	17.29±0.11 m	16.36±0.93 fg	19.09±0.7 cdefg
W0F1.2	29.1±0.14 a	28.16±0.12 a	22.56±1.45 abcd	21.02±0.42 abcd
W0.5F0	22.75±0.04 gh	22.7±0.16 gh	18.47±1.38 bcdefg	20.79±1.32 abcd
W0.5F0.5	23.6±0.19 efg	23.51±0.16 f	20.06±1.64 abcdefg	20.4±1.39 abcde
W0.5F0.8	25.81±0.35 bc	23.99±0.52 e	22.9±0.44 abc	21.73±1.4 abc
W0.5F1	24.71±0.21 d	21.99±0.05 ij	20.07±0.62 abcdefg	19.12±2.29 cdefg
W0.5F1.2	25.21±0.17 cd	26.97±0.24 b	16.98±10.54 efg	23.29±1.16 a
W0.8F0	23.53±0.15 efg	20.12±0.11 k	19.99±1.32 abcdefg	15.28±1.1 g
W0.8F0.5	24.33±0.41 de	21.75±0.15 j	23±0.77 ab	19.93±1.86 abcdef
W0.8F0.8	24.36±0.2 de	21.82±1.08 j	17.82±0.28 defg	17.79±2.25 cdefg
W0.8F1	25.03±0.22 cd	23.06±0.14 fg	20.07±1.67 abcdefg	23.58±0.72 a
W0.8F1.2	24.99±1.32 cd	27.88±0.08 a	19.04±0.34 abcdefg	21.56±3.97 abc
W1F0	22.39±0.8 h	19.1±0.3 l	18.11±0.07 bcdefg	18.29±1.95 cdefg
W1F0.5	22.85±0.1 gh	19.31±0.03 l	16.05±2.76 g	18.43±2.44 cdefg
W1F0.8	21.37±0.51 i	25.22±0.09 d	17.99±3.69 cdefg	16.48±2.12 efg
W1F1	20.49±1.08 j	22.37±0.18 hi	15.98±1.21 g	16.38±0.6 fg
W1F1.2	19.58±0.42 k	18.87±0.06 l	18.45±0.33 bcdefg	17.38±3.47 defg
W1.5F0	23.72±0.74 ef	22.68±0.12 gh	21.11±0.75 abcdef	23.23±2.76 ab
W1.5F0.5	26.19±1.33 b	24.04±0.32 e	20.84±0.57 abcdefg	18.7±1.86 cdefg
W1.5F0.8	24.99±0.14 cd	22.37±0.18 hi	22.16±1.02 abcd	21.73±0.72 abc
W1.5F1	25.71±0.19 bc	22.19±0.07 ij	23.8±0.77 a	19.28±2.4 cdef
W1.5F1.2	23.65±0.31 ef	22.12±0.13 ij	21.8±1.78 abcde	17.2±0.46 defg

（1）当灌溉量为零时，四个时期随着施肥量的增加，土壤有机质含量先增加后降低，分别在处理 W0F0.8 和处理 W0F1.2 取

得峰值，结合节肥的目的，处理 W0F0.8 为最佳处理。

（2）灌溉量为 50%时，土壤有机质含量变化趋势与灌溉量为零时相同，处理 W0.5F0.8 为最佳的水肥配比。

（3）当灌溉量为 80%时，苗期和分蘖期土壤有机质含量随着施肥量的增加而增加，均在施肥量为 120%时达到最大值。伸长期和成熟期土壤有机质含量随着施肥量的增加后降低，同时在处理 W0.8F0.5 达到峰值。

（4）从灌溉量为 100%和 150%来看，当灌溉量过大时，土壤有机质含量并不随着施肥量的增加而增加，反而会降低。

3.1.2 甘蔗水肥一体化种植对土壤微生物量碳、氮的影响

（1）甘蔗水肥一体化种植对土壤微生物量碳的影响见图3-1-5。

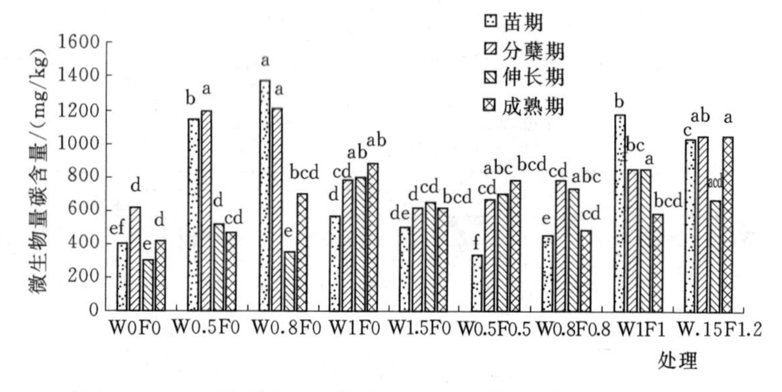

图 3-1-5 甘蔗水肥一体化种植对土壤微生物量碳的影响

1）从苗期和分蘖期来看，当施肥量为 0 时，灌溉量为 50%和 80%处理的土壤微生物量碳含量明显增加。当灌溉量继续增加时，土壤微生物量碳含量变化不大。分蘖期，处理 W0F0、W1F0 和 W1.5F0 呈不显著关系。从伸长期和成熟期来看，当施肥量为 0 时，土壤微生物量含量大致随着灌溉量的增加而增加。成熟期，处理 W0F0、W0.5F0、W0.8F0、W1F0 呈显著性增加。

2）当水肥一体化种植后，从分蘖期来看，处理 W0F0、W0.5F0.5、W0.8F0.8 呈不显著增加，处理 W1F1 与 W1.5F1.2 显著增加。伸长期时，随着水肥配比的增加，土壤微生物量碳呈显著性增加。

（2）甘蔗水肥一体化种植对土壤微生物量氮的影响见图 3-1-6。

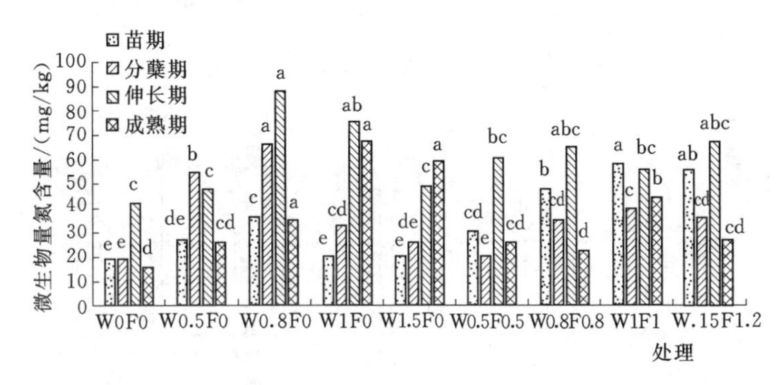

图 3-1-6　甘蔗水肥一体化种植对土壤微生物量氮的影响

1）当施肥量为 0 时，苗期、分蘖期和伸长期变化趋势相同，都随着灌溉量的增加而增加，但当灌溉量过大微生物量氮含量则降低，且在灌溉量为 80%时得到最大值。成熟期，当灌溉量大等于 80%时的三个处理呈不显著增加。所以灌溉量为 80%为最佳的灌溉量。

2）当水肥一体化种植后，苗期、分蘖期和伸长期变化趋势大致相同，随着水肥比例的增加，土壤微生物量氮含量增加。从处理 W0.8F0.8 与处理 W1.5F1.2 来看，土壤微生物量氮变化不显著。成熟期处理 W0F0、W0.5F0.5、W1F1 与 W1.5F1.2 之间呈显著性增加。

（3）甘蔗水肥一体化种植对土壤微生物量的影响见图 3-1-7～图 3-1-9。

1）当施肥量为 0 时，苗期处理 W0.5F0 与 W0.8F0 呈不显著降低关系，与 W0F0 呈显著性增加，当灌溉量大 80%时，真

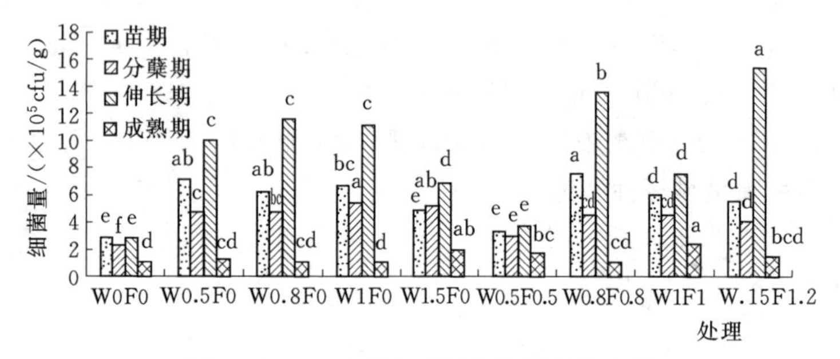

图 3-1-7 土壤细菌量与施肥量关系图

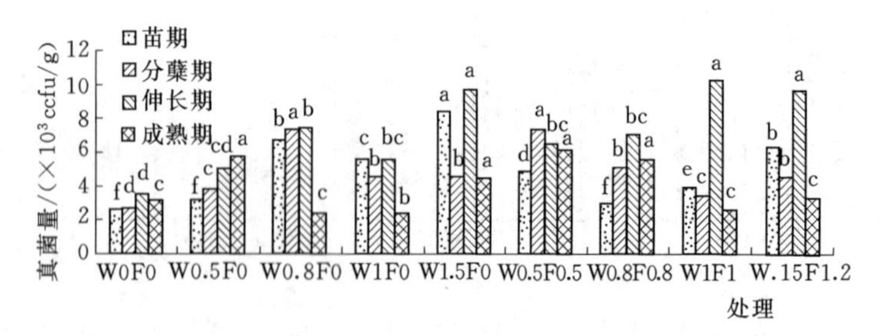

图 3-1-8 土壤真菌量与施肥量关系图

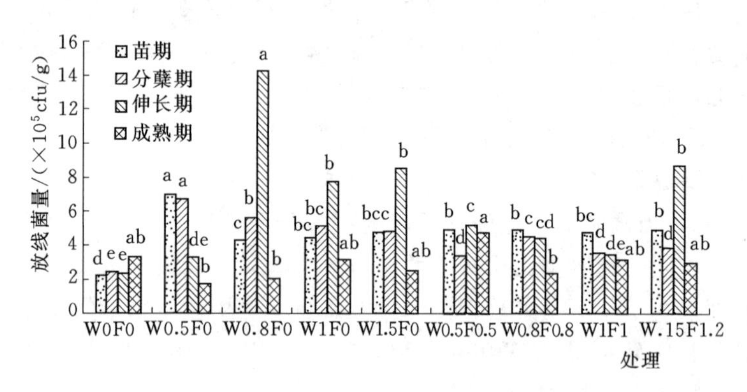

图 3-1-9 土壤放线菌量与施肥量关系图

菌数量呈显著性降低。分蘖期，随着灌溉量的增加，土壤细菌数量呈显著性增加。伸长期，处理 W0.5F0、W0.8F0 与 W1 呈不显著关系，在灌溉量为 150%时又显著下降。成熟期与伸长期大致相同。综上所述，灌溉量为50%时为最佳灌溉量。

2）当水肥一体化种植后，从整个生育期来看，处理W0F0与处理W0.5F0.5多呈不显著关系，水肥配比较低时，对土壤细菌数量影响不大。处理W0.8F0.8与其他处理呈显著性关系，为最佳处理。

3）当施肥量为0时，整个生育期内土壤真菌数量随着灌溉量的增加出现先增加后降低的趋势，在灌溉量为150%又有所增加。从图中可以看出处理W0.8F0为最佳处理。

4）当水肥一体化种植后，整个生长周期土壤真菌数量随着水肥配比的增加先增加后降低再增加现象，可见过量的水肥施入量并不能增加土壤真菌数量。处理W0.5F0.5与处理W0.8F0.8在伸长期及成熟期呈不显著关系，且在苗期和分蘖期处理W0.8F0.8与处理W0.5F0.5真菌数量显著性降低。综合整个生育期土壤真菌数量来看，处理W0.5F0.5为最佳处理。

5）当施肥量为0时，从四个时期来看，当灌溉量大于50%后，土壤放线菌数量随着灌溉量的增加变化多呈不显著变化，所以，W0.5F0为最佳灌溉量。

6）当水肥一体化种植后，从整个生育期来看，一定的水肥配比有助于增加土壤放线菌的数量，但放线菌数量并不随着水肥施入的继续增加而增加。处理W0.5F0.5为最佳的水肥配比。

（4）甘蔗水肥一体化种植对土壤过氧化氢酶活性的影响见图3-1-10和表3-1-5。

1）不同处理对苗期过氧化氢酶影响不大。

2）当灌溉量为零时，随着施肥量的增加，土壤过氧化氢酶活性先增后降。

3）当灌溉量为50%时，分蘖期、伸长期和成熟期变化趋势相同，先增加后降低，在处理W0.5F0.5达到峰值。

4）当灌溉量为80%时，伸长期和成熟期土壤过氧化氢酶随着施肥量的增加缓慢增加，分蘖期在处理W0.8F0.5达到峰值。

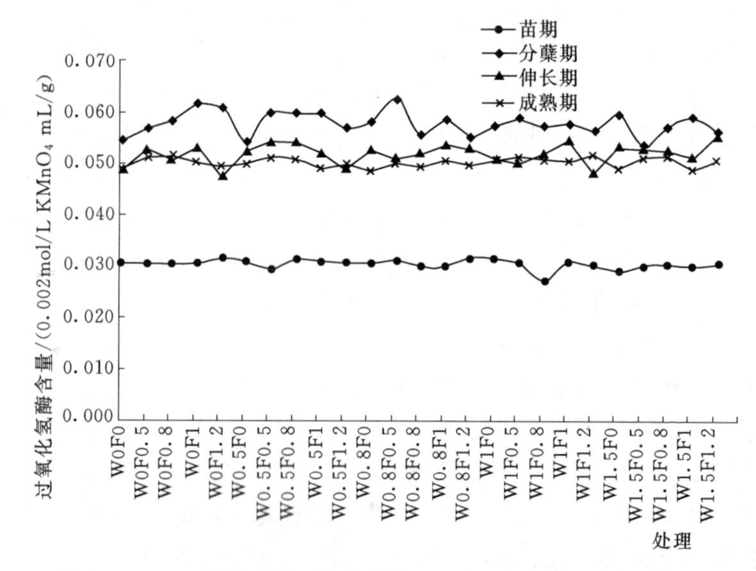

图 3-1-10　甘蔗水肥一体化种植对土壤过氧化氢酶活性的影响

表 3-1-5　土壤过氧化氢酶活性 (0.002mol/L $KMnO_4$ mg/g)

处理	苗期	分蘖期	伸长期	成熟期
W0F0	2.94±0.02 efg	4.3±0.01 jk	4.88±0.06 ij	4.88±0.07 def
W0F0.5	2.96±0.06 def	4.49±0.03 efghij	5.27±0.01 bcdef	5.13±0.02 abc
W0F0.8	2.95±0.02 defg	4.62±0.07 cdefg	5.05±0.07 gh	5.14±0.04 ab
W0F1	2.95±0.03 defg	4.87±0.12 ab	5.30±0.04 bcd	5.01±0.06 abcdef
W0F1.2	3.07±0.02 a	4.82±0.08 abc	4.71±0.01 j	4.91±0.11 bcdef
W0.5F0	2.99±0.03 bcd	4.3±0.09 jk	5.20±0.01 cdefg	5.00±0.32 abcdef
W0.5F0.5	2.84±0.02 ij	4.75±0.11 abcd	5.42±0.13 ab	5.13±0.03abcdef
W0.5F0.8	3.04±0.06 ab	4.72±0.02 bcdef	5.412±0.16 ab	5.07±0.15 abcde
W0.5F1	3±0.02 bcd	4.72±0.03 bcde	5.19±0.29cdefg	4.88±0.00 def
W0.5F1.2	2.97±0.02 cde	4.49±0.27 fghij	4.86±0.05 ij	4.99±0.05 abcdef
W0.8F0	2.95±0 defg	4.6±0.02 cdefghi	5.25±0.12 bcdef	4.83±0.11 f
W0.8F0.5	3.02±0.02 fgh	4.95±0.19 a	5.06±0.05gh	5.01±0.11abcdef

续表

处理	苗期	分蘖期	伸长期	成熟期
W0.8F0.8	2.88±0.01 hi	4.39±0.07 hijk	5.15±0.12 defgh	4.901±0.19 cdef
W0.8F1	2.91±0.08 fgh	4.63±0.32 cdefg	5.37±0.08abc	5.047±0.18 abcdef
W0.8F1.2	3.07±0.02 a	4.36±0.13 ijk	5.28±0.01bcdef	4.94±0.21 abcdef
W1F0	3.06±0.03 a	4.52±0.04 defghij	5.09±0.06 fgh	5.06±0.10 abcdef
W1F0.5	2.97±0.02 ij	4.65±0.12 bcdefg	4.99±0.08 hi	5.12±0.08 abc
W1F0.8	2.61±0.02 k	4.51±0.13 efghij	5.16±0.005 defgh	5.06±0.03 abcde
W1F1	2.98±0.04 cde	4.57±0.06 defghij	5.43±0.09 ab	5.01±0.02 abcdef
W1F1.2	2.93±0.01 efgh	4.45±0.06 ghijk	4.79±0.10 j	5.15±0.11 a
W1.5F0	2.81±0.01 j	4.71±0.05 bcdef	5.29±0.07 bcd	4.89±0.09 def
W1.5F0.5	2.91±0 fgh	4.21±0.26 k	5.28±0.01 bcde	5.10±0.11 abcd
W1.5F0.8	2.95±0 defg	4.52±0.33 defghij	5.22±0.09 cdefg	5.14±0.01 abc
W1.5F1	2.9±0.06 gh	4.65±0.03 bcdefg	5.10±0.05 efgh	4.86±0.01 ef
W1.5F1.2	2.95±0 defg	4.44±0 ghijk	5.51±0.11 a	5.05±0.03 abcdef

5）当灌溉量为100%时，成熟期土壤过氧化氢酶随着施肥量的增加而增加，伸长期随着施肥量的增加后降低。

（5）不同水肥处理对土壤脲酶活性的影响见图3-1-11和表3-1-6。

1）当灌溉量为零时，苗期、分蘖期和成熟期土壤脲酶活性在处理W0F0.8时达到峰值，伸长期土壤脲酶活性随着施肥量的增加而增加。

2）当灌溉量为50%时，苗期、分蘖期和成熟期土壤脲酶活性在处理W0.5F0.5时达到峰值，伸长期在处理W0.5F0.8时达到峰值。

3）当灌溉量为80%时，四个时期的土壤脲酶活性均是随着施肥量的增加逐渐降低再增加，在伸长期和成熟期处理W0.8F0.8达到峰值。

4）当灌溉量为100%时，苗期和分蘖期土壤脲酶活性在处

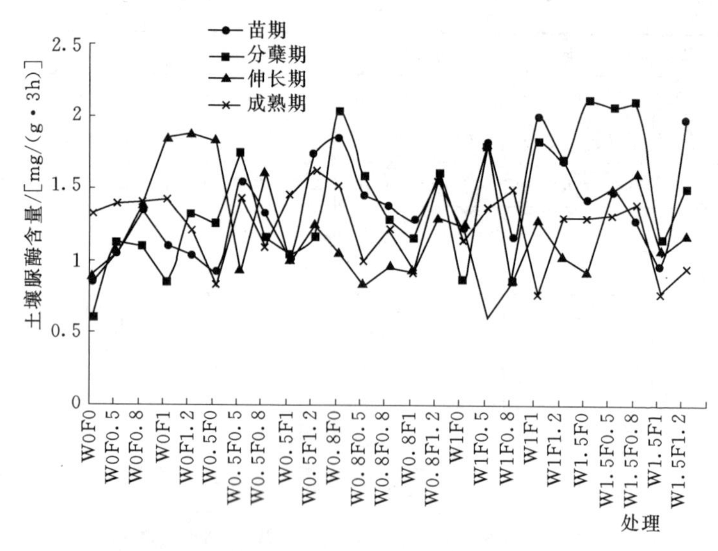

图 3-1-11 不同水肥处理对土壤脲酶活性的影响

理 W1F0.5 时达到峰值，伸长期和成熟期土壤脲酶活性在处理 W1F0.8 时达到峰值。

5）当灌溉量为 150%时，随着施肥量的增加，土壤脲酶活性呈现先增加后减小再增加的变化趋势，处理 W1.5F0.8 为最佳施肥配比。

表 3-1-6 土壤脲酶活性 单位：mg/(g·3h)

处理	苗期	分蘖期	伸长期	成熟期
W0F0	0.83±0.06 o	0.6±0.06 j	0.90±0.25 i	1.32±0.12 abcd
W0F0.5	1.06±0.04 m	1.12±0.23 ghi	1.04±0.05 efghi	1.39±0.21 abcd
W0F0.8	1.32±0.05 hij	1.08±0.18 ghi	1.39±0.08 bcd	1.40±0.31 abcd
W0F1	1.1±0.08 lm	0.84±0.06 ij	1.85±0.08 a	1.42±0.07 abcd
W0F1.2	1.04±0.07 m	1.32±0.06 defg	1.88±0.16 a	1.19±0.09 abcd
W0.5F0	0.91±0.03 no	1.25±0.1 efgh	1.82±0.19 a	0.82±0.37 bcd
W0.5F0.5	1.54±0.03 e	1.74±0.1 abc	0.92±0.101 i	1.43±0.18 abcd

续表

处理	苗期	分蘖期	伸长期	成熟期
W0.5F0.8	1.32±0 hi	1.17±0.33 fghi	1.61±0.0046 b	1.10±0.12 abcd
W0.5F1	1.04±0.03 m	1.04±0.08 ghi	1.00±0.03 ghi	1.44±0.11 abcd
W0.5F1.2	1.73±0.05 cd	1.17±0.19 fghi	1.24±0.06 deg	1.62±0.12 a
W0.8F0	1.85±0.08 b	2.04±0.96 ab	1.04±0.201 efghi	1.50±0.16 ab
W0.8F0.5	1.46±0.03 efg	1.58±0.13 ade	0.81±0.22 ij	0.99±0.33 abcd
W0.8F0.8	1.37±0.06 gh	1.29±0.1 efg	0.95±0.20 hi	1.21±0.82 abcd
W0.8F1	1.27±0 ij	1.15±0.1 fghi	0.91±0.2499 i	0.92±0.05abcd
W0.8F1.2	1.53±0.06 e	1.61±0.07 cde	1.30±0.05 cd	1.58±0.29 a
W1F0	1.23±0.01 no	0.87±0.18 hij	1.23±0.04 defg	1.12±0.17 abcd
W1F0.5	1.81±0.03 bc	1.78±0.08 abc	0.61±0.05 j	1.36±0.11 abcd
W1F0.8	1.16±0.02 kl	0.85±0.13 ij	0.86±0.06 i	1.49±0.16 abc
W1F1	1.98±0.01 a	1.85±0.05 abc	1.27±0.07 de	0.76±0.18 d
W1F1.2	1.7±0.05 d	1.68±0.13 bcd	1.02±0.02fghi	1.29±0.67 abcd
W1.5F0	1.41±0.12 fgh	2.11±0.11 a	0.91±0.11 i	1.29±0.05 abcd
W1.5F0.5	1.48±0.14 ef	2.06±0.03 ab	1.50±0.06 bc	1.31±1.001 abcd
W1.5F0.8	1.27±0.02 ij	2.1±0.16 a	1.60±0.03 b	1.39±0.47 abcd
W1.5F1	0.94±0.06 n	1.13±0.05 fghi	1.04±0.05 efghi	0.77±0.11 cd
W1.5F1.2	1.98±0.04 a	1.51±0.11 cdef	1.17±0.13 defgh	0.95±0.28 abcd

（6）不同水肥处理对土壤转化酶活性的影响见图 3－1－12 和表 3－1－7。

1）当灌溉量为零时，苗期和分蘖期土壤转化酶活性变化趋势相同，在处理 W0.8F0 时达到峰值。伸长期和成熟期土壤转化酶活性变化趋势相同，在处理 W0.5F0 时达到峰值。

2）当灌溉量为50％时，苗期、分蘖期、成熟期土壤转化酶活性在处理 W0.5F0.8 时同时达到峰值。四个时期均在处理 W0.5F1.2 时达到最大值。

3）当灌溉量为80％时，苗期和伸长期土壤转化酶活性在处

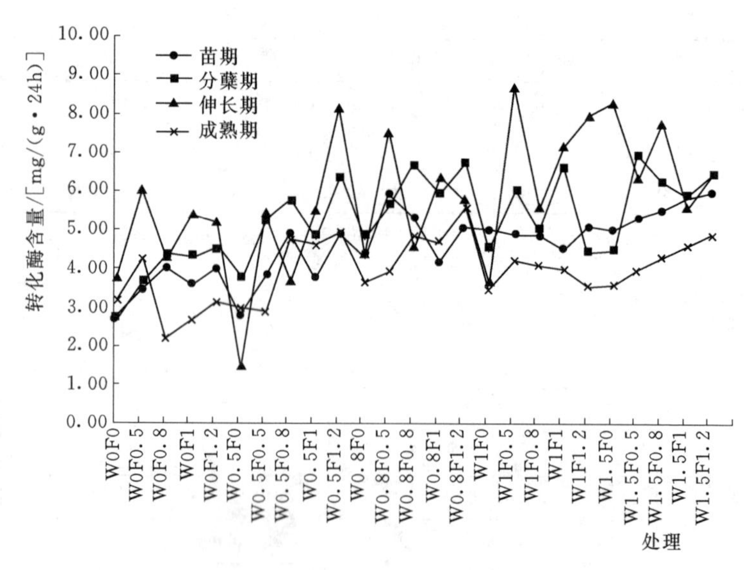

图 3-1-12　不同水肥处理对土壤转化酶活性的影响

理 W0.8F0.5 时达到峰值，分蘖期和成熟期在处理 W0.8F0.8 时达到峰值。所以过量的施肥，并不能增加土壤转化酶活性。

4）当灌溉量为 100%时，分蘖期、伸长期和成熟期在处理 W1F0.5 时达到峰值，苗期在处理 W1F0.8 时达到峰值。

5）当灌溉量为 150%时，苗期和成熟期土壤转化酶变化趋势相同，都是随着施肥量的增加而增加。分蘖期在施肥量为 50%、伸长期在 80%时达到峰值。

表 3-1-7　　土壤转化酶活性　　单位：mg/(g·24h)

处理	苗期	分蘖期	伸长期	成熟期
W0F0	2.77±0.05 k	2.6±0.04 l	3.71±1.9a h	3.20±0.07 hij
W0F0.5	3.39±0.06 j	3.62±0.03 k	6.04±0.07 de	4.21±0.07 cd
W0F0.8	3.93±0.15 gh	4.34±0.12 j	4.04±0.52 gh	2.17±0.06 l
W0F1	3.57±0.06 ij	4.27±0.12 j	5.38±0.68 efg	2.66±1.07 k
W0F1.2	3.94±0.06 gh	4.52±0.09 ij	5.17±0.45 efg	3.11±0.06 hijk

续表

处理	苗期	分蘖期	伸长期	成熟期
W0.5F0	2.8±0.13 k	3.76±0.09 k	1.40±0.04 i	2.96±0.29 ijk
W0.5F0.5	3.8±0.14 hi	5.21±0.11 g	5.40±0.76 efg	2.86±0.03 jk
W0.5F0.8	4.81±0.09 de	5.72±0.03 ef	3.640±0.25 h	4.68±0.10 bc
W0.5F1	3.7±0.51 hij	4.81±0.06 hi	5.47±0.72 ef	4.58±0.24 bc
W0.5F1.2	4.82±0.22 d	6.41±0.26 bc	8.12±0.65 ab	4.87±0.09 b
W0.8F0	4.36±0.21 f	4.84±0.18 h	4.35±0.73 fgh	3.59±0.15 efdh
W0.8F0.5	5.84±0.2 a	5.6±0.18 f	7.61±0.21 abc	3.89±0.11 def
W0.8F0.8	5.25±0.11 bc	6.69±0.33 ab	4.47±0.76 fgh	4.82±0.33 b
W0.8F1	4.2±0.09 fg	5.96±0.04 de	6.36±0.30 cde	4.64±0.35 bc
W0.8F1.2	5.05±0.23 cd	6.79±0.45 a	5.73±0.39 ef	5.52±0.07 a
W1F0	4.96±0.05 cd	4.47±0.25 j	3.65±0.73 h	3.43±0.17 ghi
W1F0.5	4.83±0.4 d	6±0.25 de	8.69±0.69a	4.20±0.20cd
W1F0.8	4.87±0.28 d	5.05±0.09 gh	5.52±0.67 ef	4.06±0.15 de
W1F1	4.47±0.29 ef	6.65±0.08 ab	7.10±0.28 bcd	3.95±0.01 def
W1F1.2	5.06±0.19 cd	4.37±0.17 j	7.92±1.49 ab	3.50±0.11 fgh
W1.5F0	5.01±0.02cd	4.49±0.16 j	8.29±1.09 ab	3.59±0.05 efgh
W1.5F0.5	5.28±0.29 bc	6.91±0.03 a	6.30±0.54 cde	3.95±0.17 def
W1.5F0.8	5.46±0.17 b	6.26±0.02 cd	7.74±0.45 ab	4.28±0.29cd
W1.5F1	5.88±0.17 a	5.88±0.18 ef	5.56±0.24 ef	4.57±0.14 bc
W1.5F1.2	5.93±0.16 a	6.41±0.38 bc	6.37±0.61cde	4.86±0.17 b

3.2　土壤养分、糖料蔗生长对不同水肥条件的响应

3.2.1　糖料蔗植株数量变化

不同施肥处理下糖料蔗植株数量变化情况见图3-2-1，由图可知施肥处理对于糖料蔗株数的影响较小，可以忽略不计，可采用平均株数的变化规律反应糖料蔗株数的变化。5月29日开

始进入分蘖期，分蘖期长 34 天。在分蘖初期通过试验控制亩均苗数为 6340 株，分蘖结束后亩均苗数为 9129 株，年终收获时亩均有效株数为 5059 株，分蘖率为 44%，蔗苗成活率较低，仅 56%。

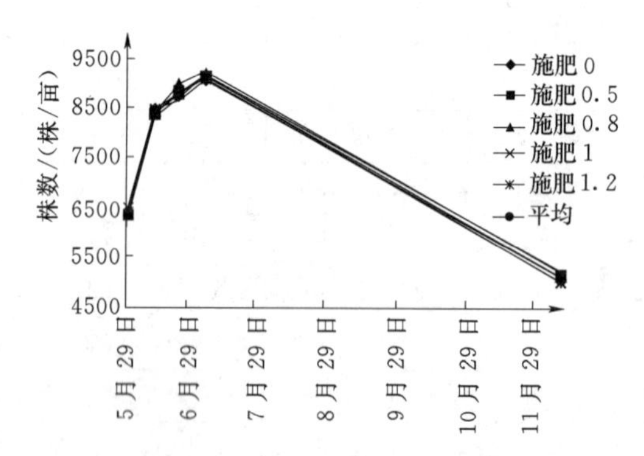

图 3-2-1 不同施肥处理下糖料蔗植株数量变化情况

蔗苗分蘖主要集中在前期，分蘖 12 天分蘖率为 33%，达总分蘖的 74%；分蘖 23 天分蘖率为 39%，达总分蘖的 88%；分蘖 34 天分蘖率为 44%，分蘖完成。蔗苗分蘖结束后由于病虫害以及台风、机械耕作的影响实际存活率较低，年终有效株数仅为蔗苗的 56%。

3.2.2 基本苗与分蘖苗生长、存活率分析

每个试验小区随机选择 5 株基本苗、5 株分蘖苗进行持续监测，统计两种苗的生长情况，见图 3-2-2 和表 3-2-1。由图 3-2-2可知：在成熟期前，基本苗的株高较分蘖苗高，且差距随着生育期发展逐渐减少。在收获时，基本苗形成的植株与分蘖苗形成的植株株高几乎一致，基本苗与分蘖苗对于糖料蔗植株最后株高没有影响。

通过持续监测的 5 株基本苗与分蘖苗株数对比分析可知，基本苗的株数多余分蘖苗，在 8 月之前基本苗与分蘖苗的株数相对较为稳定；8—10 月中旬基本苗与分蘖苗均明显减少。9 月 2 日基本苗减少了 8%，分蘖苗减少了 24%；9 月 17 日基本苗减少了

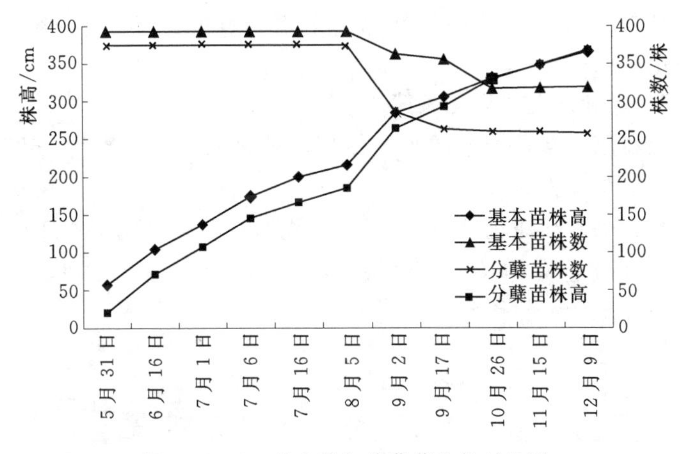

图 3-2-2 基本苗与分蘖苗生长对比图

表 3-2-1 糖料蔗生长、死亡速率

日期	5月31日	6月16日	7月1日	7月6日	7月16日	8月5日	9月2日	9月17日	10月26日	11月15日	12月9日
日生长量/cm	0.68	3.06	2.29	7.52	2.35	0.86	2.64	1.67	0.80	0.92	0.77
日死亡率/‰	0.00	0.00	0.00	0.00	0.00	0.00	5.53	2.60	1.40	0.00	0.00

9%，分蘖苗减少了30%；10月26日基本苗减少了19%，分蘖苗减少了31%。基本苗减少出现在后期，在前期基本苗较分蘖苗健壮，病虫害对于基本苗的侵害较少，在后期株高较高，受台风影响较大，因此基本苗减少主要在伸长后期。由于分蘖苗较基本苗矮小，成为病虫害的主要侵害对象，分蘖苗减少主要集中在伸长期前期，在后期受台风的影响较小。因此，在伸长前期加强病虫害防治、伸长后期提高抗风能力对于提高糖料蔗有效株数至关重要。

糖料蔗伸长速率进入伸长期后先增加，至7月中旬达到最高速率7.52cm/d，后逐渐减少，在成熟期保持在0.8cm/d左右，伸长期糖料蔗管理是增加株高的关键。分蘖苗存活率 68.8%，基本苗存活率 81.1%。

3.2.3 糖料蔗茎高变化规律

糖料蔗茎高是产量的主要体现，糖料蔗平均茎高为 250cm，伸长天数 190 天。

糖料蔗茎高变化见图 3-2-3。糖料蔗蔗径形成从 6 月开始，7—9 月上旬茎高伸长速率最快，约为 2cm/d；进入成熟期之后茎高仍有增加，伸长速率小于 1cm/d。

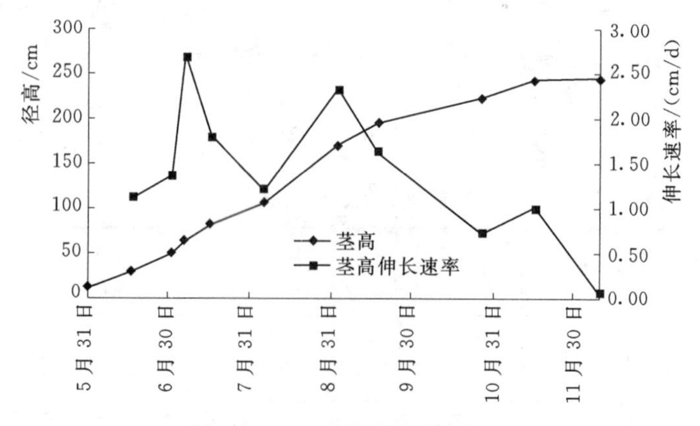

图 3-2-3 糖料蔗茎高变化图

3.2.4 叶片数变化规律

糖料蔗叶片生物量多少是蔗株新陈代谢情况的体现，叶片越多，新陈代谢越旺盛，植株同化作用积累的干物质就越多。图 3-2-4为糖料蔗叶片数变化规律图，蔗株叶片中 3～7 片范围内，先增加后减少，7 月初叶片数最多，与株高、茎高生长速率吻合，伸长期内植株叶片数维持在 5 片以上，成熟期叶片数为 5～6 张。

3.2.5 糖料蔗含糖量变化规律

糖料蔗糖分是主要监测的营养成分，含糖量大小影响产糖量进而影响蔗糖植株销售价格，糖料蔗含糖量在收获时平均锤度为 20.6（图 3-2-5）。糖料蔗含糖量自伸长期开始便积累糖分。10

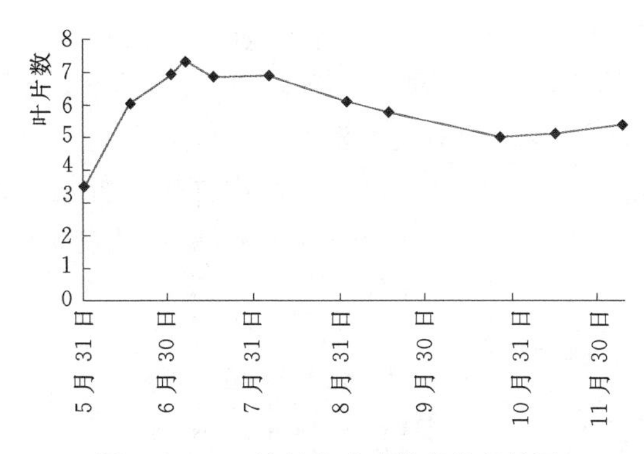

图 3-2-4　糖料蔗叶片数变化规律图

月之前田间实验小区糖料蔗的含糖量高于大棚灌水量 0.5 倍和 1.0 倍设置的糖料蔗。10 月之后糖料蔗开始进入成熟期，大棚糖料蔗含糖量逐渐超过田间试验小区糖料蔗的含糖量，且在收获时灌水量 0.5 倍设置的糖料蔗含糖量最高，田间实验小区的糖料蔗含糖量最低。由此可知 10 月之后为糖料蔗含糖量增加的主要时期，此间适当控制灌水量有利于提高糖料蔗含糖量。

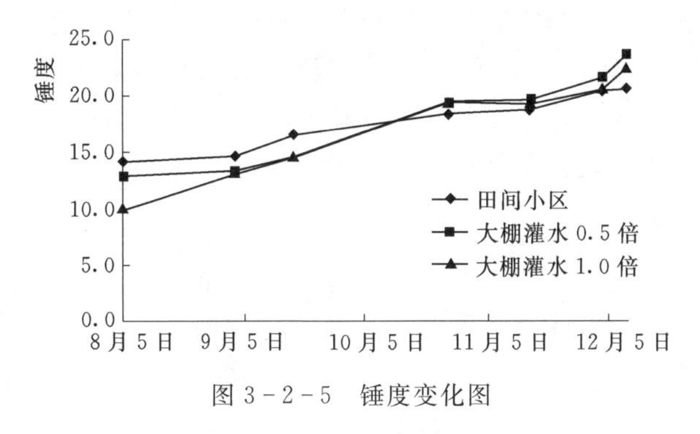

图 3-2-5　锤度变化图

3.2.6　不同水肥处理对糖料蔗产量的影响

3.2.6.1　2016 年试验结果

将灌水量相同设置处理的产量进行平均，得到灌水量与产量的关系图，如图 3-2-6 所示。由图 3-2-6 可知，灌溉对于产量提升有着显著作用，无灌溉处理的产量为 4.9t/亩；灌水量

0.5倍设置时增加产量11.7%；灌水量0.8倍设置的产量最高达到5.7t/亩，相对提升16.1%；灌水量1.0倍设置时受水分胁迫影响产量有所减少，相对无灌溉提升14.6%；灌水量1.5倍设置时相对无灌溉产量提升6.6%。此次试验为湿润年的增产情况，干旱年灌溉对于产量提升影响将更大，因此制定合理的灌溉制度对于提高产量影响显著。

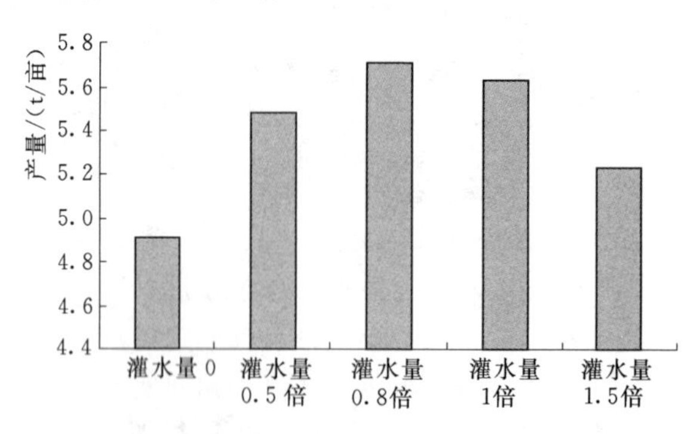

图3-2-6 灌水量与产量的关系图

图3-2-7为施肥量与糖料蔗产量的关系图。无施肥处理的产量为5.335t/亩，施肥量0.8倍设置时产量最高为5.60t/亩，增产率为5%，其他几个施肥处理相对无施肥处理增产仅0.2%。造成这样的主要原因是糖料蔗下种时基肥量过大，减少了施肥对于产量的影响。

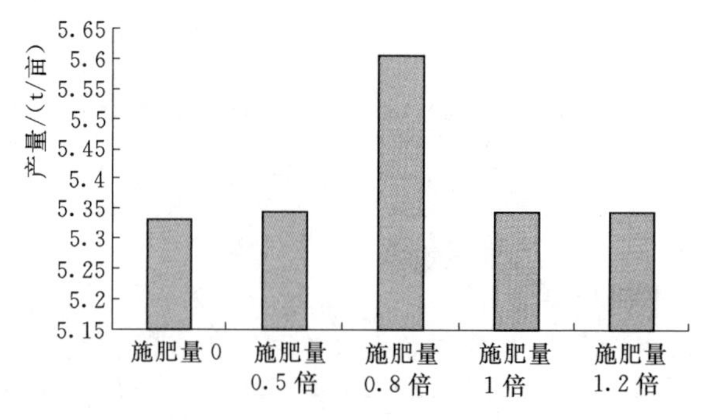

图3-2-7 施肥量与产量的关系图

3.2.6.2 2017年试验结果

将灌水量相同设置处理的产量进行平均，得到灌水量与产量的关系图，如图3-2-8所示。由图3-2-8可知，灌溉对于产量提升有着显著作用，无灌溉无施肥处理（W0F0）的产量为4.45t/亩，无灌溉有施肥处理（W0F1）的产量为5.53t/亩；同等施肥条件下，W0.5F1的产量为5.78t/亩，比W0F0增加29.84%，比W0F1增加4.46%；W0.8F1的产量为5.79t/亩，比W0F0增加30.06%，比W0F1增加4.64%。W1F1的产量为6.78t/亩，比W0F0增加52.26%，比W0F1增加22.49%。W1.5F1的产量为6.29t/亩，比W0F0增加41.22%，比W0F1增加13.61%。由此可见，灌水量设置在1倍的水平，对糖料蔗产量的帮助作用更大，因此制定合理的灌溉制度对于提高产量影响显著。

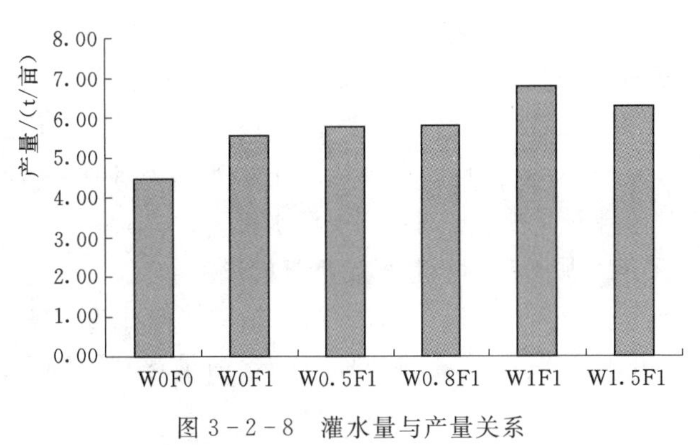

图3-2-8　灌水量与产量关系

图3-2-9为施肥量与糖料蔗产量的关系图。无灌溉无施肥处理（W0F0）的产量为4.45t/亩，有灌溉无施肥处理（W1F0）的产量为5.16t/亩；同等灌水条件下，W1F0.3的产量为6.44t/亩，比W0F0增加44.74%，比W1F0增加24.79%；W1F0.8的产量为6.49t/亩，比W0F0增加45.71%，比W1F0增加25.62%。W1F1的产量为6.78t/亩，比W0F0增加52.26%，比W1F0增加32.20%。W1F1.2的产量为6.25t/亩，比W0F0增

加 40.47%，比 W1F0 增加 21.11%。由此可见，施肥设置在 1 倍的水平，对糖料蔗产量的帮助作用更大，因此制定合理的水肥制度对于提高产量影响显著。

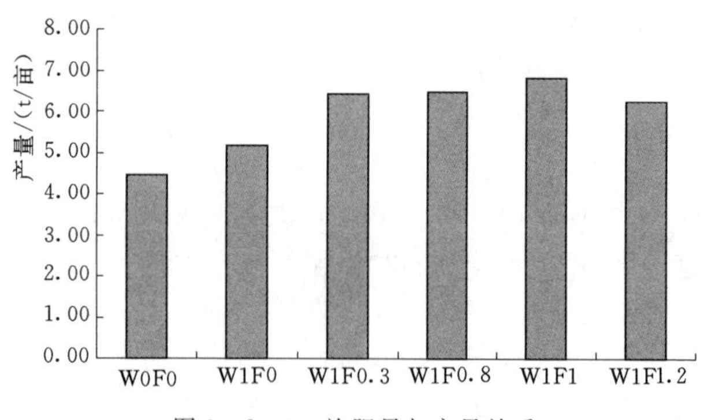

图 3-2-9　施肥量与产量关系

同时，无灌溉无施肥处理（W0F0）的产量为 4.45t/亩，无灌溉有施肥处理（W0F1）产量为 5.53t/亩，比 W0F0 增加 24.30%；有灌溉无施肥处理（W1F0）产量为 5.16t/亩，比 W0F0 增加 15.99%。由于实验年属于丰水年，证明在丰水年，施肥量对糖料蔗产量的提高作用比灌水更大。

3.2.7　不同水肥处理对糖料蔗含糖量的影响

由图 3-2-10 可知，适宜的灌水量对糖料蔗的含糖量的影响不大。在 0.5 倍灌水量的条件下，含糖量达到 17.05%，比

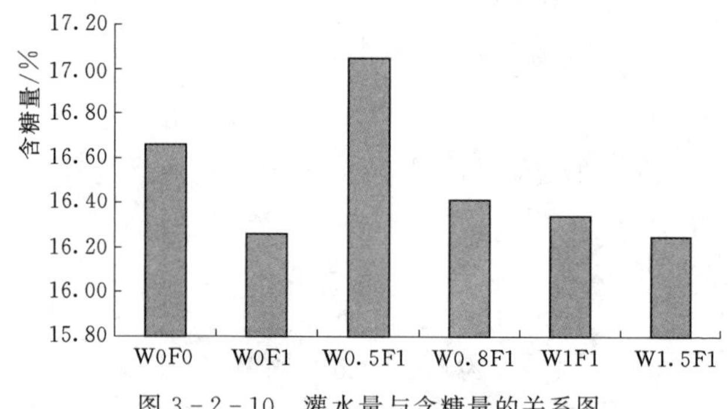

图 3-2-10　灌水量与含糖量的关系图

W0F0 增加 2.32%，比 W0F1 增加 2.73%。在其他灌水倍比条件下，与 W0F0 和 W0F1 比较，其含糖量有微弱的降低。

由图 3-2-11 可知，适宜的施肥量对糖料蔗含糖量的影响不大，W1F0.5、W1F0.8 仅比 W0F0 降低 1%～2%；过多施肥会降低含糖量，如 W1F1.5 的含糖量仅为 15.87%，比 W0F0 降低 4.72%（与李杨瑞等研究成果一致）；因此，要合理控制肥料施用。

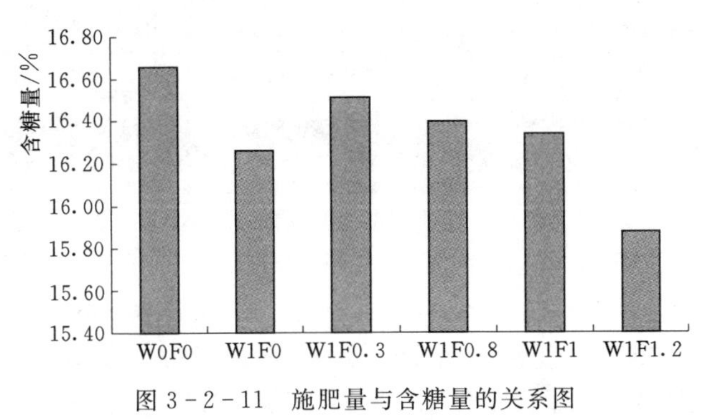

图 3-2-11　施肥量与含糖量的关系图

4 糖料蔗生长模型构建

4.1 模型介绍

SWAP（Soil - Water - Atmosphere - Plant）是一款继SWATR及其各种变体的农业水文模型。早期版本有SWATR（Feddes等，1978；Belmans等，1983；Wesseling等，1991）、SWACROP（Kabat 等，1992）、SWAP93（Van de Broek等，1994）。Van Dam等（1997）和Kroes等（2000）推出了SWAP2.0。2003年，Kroes和Van Dam改进SWAP2.0形成了SWAP3.0.3。目前，Kroes和Van Dam等针对SWAP3.0.3在代码结构、数值稳定性、大孔隙流、降雨蒸发及实例验证的基础上做了较大修改，推出了SWAP3.2版本。

SWAP用于计算在植物生长条件下包气带中水分、溶质及热的运动。垂直方向涵盖了地下水位线至植物顶层之间的区域，这区域以垂直运移为主，故SWAP是一个一维垂直模型；水平方向上，SWAP重点考虑田间尺度各参量的变化。

SWAP模型包含主输入文件、气象数据文件、植物生长文件、排水参数文件。利用TTUTIL函数库以ASCII格式阅读这些文件，同时文件输出以ASCII格式输出，简单方便。

SWAP中，土壤水运动采用Richards方程，利用显式、后向、有限差分的方法计算；采用针对近饱和区域修改后的Mualem - Van Genuchten关系式描述土壤的传导度；土壤水分特性曲线中考虑干湿变化产生的滞后现象；下边界采用水头或通量或水头与通量之间的相关关系来控制。牛顿-辛普森迭代过程中保证质量守恒同时能较快地收敛。

对于农田作物及草地，SWAP采用Von Hoyningen - Hune、

Braden 的研究方法，而对于树木及森林则采用 Gash 的研究方法；采用 Penman - Monteith 方程计算潜在腾发量，对于作物也可采用提供参照作物腾发量的方法估计蒸发。考虑土地种植类型及植物截留，将潜在蒸腾及潜在蒸发分开，实际蒸腾量受根系区域的土壤水分及盐分控制，同时与根系密度密切相关；实际蒸发量主要受土壤输水到土壤表面能力的影响，SWAP 利用土壤水力传导度、半经验公式来描述土壤输水能力。

当地表积水超过深度阀值时开始产生地表径流，地表径流速度与地表阻力参数有关，同时在农田排水时，当地下水位高于排水沟中水位时将产生向排水沟中的地下基流。SWAP 采用 Hooghoudt/Ernst 方程计算农田排水，利用水量平衡原理可以分析农田水储量，通过设置堰等设施来控制农田含水量。

因土壤变干收缩、植物根系、土内动物、农业耕种等引起的土壤大孔隙在 SWAP 中被考虑，涉及地表水向大孔隙下渗、因大孔隙造成水在土中快速向深层传递、孔隙水的侧流、大孔隙储水及大孔隙水快速排泄等多个方面。大孔隙分连通与分隔两类，各自具有不同的特性。

SWAP 考虑作物生长所产生的影响，建立植物模块，通过叶面光合特性及水/盐状况计算碳水化合物生成量。为了更加细致地描述植物，根据植物的生长阶段，将植物的根系、叶子、茎秆、有机物储存量等分开。

SWAP 中考虑对流、弥散、分散、根系吸收、吸附及解析等作用对盐分、农药及其他溶质的影响；利用解析的方法计算土壤温度剖面；同时考虑大气温度的变化计算雪的积累及融化。

通过上述计算模拟，根据农田土壤水储量及作物生长需求可以指导农业灌溉并进行产量预估。

4.1.1 水分运动

4.1.1.1 Richards 方程描述一维饱和-非饱和土壤水运动

采用由达西定律和质量守恒定律推导得到的 Richards 方程

描述 SWAP 模型中一维饱和-非饱和土壤水运动。

达西定律：$$q=-K(h)\frac{\partial(h+z)}{\partial z} \tag{4-1}$$

质量守恒定律：$$\frac{\partial\theta}{\partial t}=-\frac{\partial q}{\partial z}-S_a(h)-S_d(h)-S_m(h) \tag{4-2}$$

Richards 方程：

$$\frac{\partial\theta}{\partial t}=-\frac{\partial\left[K(h)\left(\frac{\partial h}{\partial z}+1\right)\right]}{\partial z}-S_a(h)-S_d(h)-S_m(h) \tag{4-3}$$

式中：q 为水流通量，cm/d；$K(h)$ 为水力传导度，cm/d；h 为压力水头，cm；z 为垂向位置，cm，以向上为正方向；θ 为土壤体积含水率，cm^3/cm^3；t 为时间，d；$S_a(h)$ 为植被根系吸水速率，$cm^3/(cm^3 \cdot d)$；$S_d(h)$ 为排水速率，$cm^3/(cm^3 \cdot d)$；$S_m(h)$ 为大孔隙交换量，$cm^3/(cm^3 \cdot d)$。

4.1.1.2 土壤本构关系描述

土壤本构关系采用经修改后的 Mualem - Van Genuchten 模型。Van Genuchten 于 1980 年提出含水率、压力水头及非饱和水力传导度之间的关系：

$$\theta=\theta_{res}+(\theta_{sat}-\theta_{res})(1+|\alpha h|^n)^{-m} \tag{4-4}$$

$$m=1-\frac{1}{n} \tag{4-5}$$

$$K=K_{sat}S_e^{\lambda}\left[1-(1-S_e^{\frac{1}{m}})^m\right]^2 \tag{4-6}$$

$$S_e=\frac{\theta-\theta_{res}}{\theta_{sat}-\theta_{res}} \tag{4-7}$$

$$C=\frac{\partial\theta}{\partial h}=\alpha mn|\alpha h|^{n-1}(\theta_{sat}-\theta_{res})(1+|\alpha h|^n)^{-(m+1)} \tag{4-8}$$

式中：θ_{res}为残余含水量，cm^3/cm^3；θ_{sat}为饱和含水量，cm^3/cm^3；K_{sat}为饱和水力传导度，cm/d；α，m，n为经验拟合形状参数；S_e为相对含水量；λ为与$\partial K/\partial h$有关的参数；C为土壤容水度，cm^{-1}。

在SWAP模型中，采用经Vogel（2001）、Ippisch（2006）修改后的Mualem－Van Genuchten模型，引入最小毛细上升高度h_e：

$$S_e=\begin{cases}\dfrac{1}{S_c}[1+|\alpha h|^n] & (h<h_e)\\ 1 & (h>h_e)\end{cases} \tag{4-9}$$

$$S_c=[1+|\alpha h_e|^n]^{-m} \tag{4-10}$$

$$K=\begin{cases}K_{sat}S_e^{\lambda}\left\{\dfrac{1-[1-(S_eS_c)^{\frac{1}{m}}]^m}{1-(1-S_c^{1/m})^m}\right\}^2 & (S_e<1)\\ K_{sat} & (S_e\geqslant 1)\end{cases} \tag{4-11}$$

由以上公式可知，模型中θ_{res}，θ_{sat}，K_s，α，n，λ为6个未知参数，在模型运行时需要给定。

SWAP模型中可以选择是否考虑土壤水分特性曲线上的滞后效应，可以通过设置土壤水分特性曲线上干、湿边参数解决：

干边：$$\theta_{sat}^*=\theta_{res}+(\theta_{sat}-\theta_{res})\frac{\theta_{act}-\theta_{res}}{\theta_{md}-\theta_{res}} \tag{4-12}$$

湿边：$$\theta_{res}^*=\theta_{sat}-(\theta_{sat}-\theta_{res})\frac{\theta_{sat}-\theta_{act}}{\theta_{sat}-\theta_{mw}} \tag{4-13}$$

式中：θ_{act}为实际含水量（对应压力水头为h_{act}）；θ_{md}，$\theta_{mv}-h_{act}$对应干、湿边上的含水量。

通过θ_{sat}^*、θ_{res}^*及K_s、α、n、λ等参数即可解决滞后问题。冻土地区通过改变水力传导度求解水分运动问题：

$$K^*=K_{\min}+(K-K_{\min})\max\left[0,\min\left(1,\frac{T-T_2}{T_1-T_2}\right)\right] \tag{4-14}$$

式中：K^* 为调整后的水力传导度，cm/d；T 为土壤温度，℃；T_1，T_2 为线性条件上下限阀值，℃；K_{min}为当温度在 T_2 之下时的最小水力传导度，cm/d。

h，θ，K 之间的关系一般用非线性的曲线来描述，对于特定的土壤，当其中一项确定时，其他两项可以被确定。但在数值计算中，必须有一个主变量，其他变量通过主变量计算得到，常见的方程变换有水头主变量方程、含水量主变量方程。水头主变量方程在矩阵中只用到 h 作为变量，含水量作为后处理输出，在整个计算过程中都不需要，此方法有严重的质量误差，很少有模型采用。Celia（1990）等改进该算法，在离散数值模型中，分别出现了水头变量和含水量变量，可以有效地计算饱和-非饱和带中的达西流速。SWAP3.2 采用此方法，利用隐式、后向、有限差分的方式求解。

4.1.1.3 定解条件

1. 初始条件

初始条件设置简单，在程序输入中，利用流体静力学公式，根据初始地下水位线插值到每个节点。初始条件已知后，通过实践离散，不断更新变量，完成非稳定水流运动计算过程。

2. 上边界条件

上边界条件可分为第一类边界、第二类边界、第三类边界及大气边界，随时间变化各类边界还可能相互转化。

（1）第一类边界。当地表处于湿润状态的入渗且地表处的含水量及相应的基质势位置不变，或供水强度大于土壤入渗能力而产生积水，且积水深度已知时，或因地表蒸发使地表土壤处于风干状态，均可近似为地表基质势水头已知的第一类边界，也称 Dirichlet 边界，可表示为

$$h(z,t)=h_0 \quad z=0,t>0 \tag{4-15}$$

（2）第二类边界。当地表处于入渗状态，但供水强度 $R(t)$ 小于土壤的入渗能力，或地表处于蒸发状态，蒸发强度为 $E_s(t)$

时，均为第二类边界，也称 Neumann 边界，表示为

$$-K(h)\frac{\partial h}{\partial z}+K(h)=R(t)\quad z=0,t>0 \tag{4-16}$$

（3）第三类边界。当地表处于蒸发状态，且地表蒸发强度近似为随地表基质势水头的降低呈现线性减少时，此时为第三类边界，可表示为

$$K(h)\frac{\partial h}{\partial z}-K(h)=ah+b\quad z=0,t>0 \tag{4-17}$$

（4）大气边界。大气边界是实际中最重要的上边界条件，但是它不是一种典型的数值模拟边界，而是根据不同的水分条件，在不同边界条件之间转化。它可以在土壤表面累计水层，当有水层时，是一种三类混合边界；当没有水层但土壤相对湿润时，是一种定流量边界，大气流量为降雨和蒸发算术和；当土壤很干燥，无法满足大气蒸发需求时，为了防止表层含水量过低，设定一个临界值，当含水量或压力水头低于临界值时，定流量边界又变为定水头边界。这种边界条件由 Nuemann 首先提出，故称为 Nuemann 边界条件。SWAP 采用大气边界，数学表述为

条件（a）：$$\left|-K\frac{\partial h}{\partial z}-K\right|\leqslant|E_p-P_p| \tag{4-18}$$

条件（b）：$$h_m>h>h_c \tag{4-19}$$

当 h 不满足条件（b）时，即认为土壤太干（小于 h_c）或者存在水层（大于 h_m，一般设定 $h_m=0$，但是如果模拟有田埂的水田等情况，可设置大于 0)，此时需要进一步判断。

如果是土壤太干，而此时的大气为蒸发条件 E_p，则判断条件（a)，即是否能保证表层接点水头不变小而满足此潜在蒸发：如果满足，则按定流量处理；如果不满足潜在蒸发，则按照定水头处理，由定水头算出的通量为 E_a，必然小于 E_p。当大气为降雨时，按通量边界处理即可。

如果是土壤太湿，而此时的大气为降雨条件 P_p，则将降雨直接加到水层当中，水层作为第三类边界，既代表了土表的水

分，又代表了第一个节点的水头。如果为蒸发条件，则判断蒸发是否会蒸干整个土层，如果蒸干，则又将边界转化成了定通量边界。

如果土壤处于中间状态，则首先判断大气条件是降雨还是蒸发。如果是降雨，则判断降雨是否会触发土壤积水，即破坏条件（b），转化为第三类边界，如果是，则按第三类边界处理，否则按第一类边界处理；如果是蒸发，则判断蒸发是否会触发土壤过干，即破坏条件（b），转化为第二类边界，如果是，则按第二类边界处理，否则按一类边界处理。

这些判断在方程组迭代过程中不断进行，而大气边界也不断在第一类、二类、三类边界当中轮换，中间可能会产生径流（当水头超过 h_m，多余部分认为是径流排走）、实际蒸发（由一类边界计算的 E_a）等水文过程。

经验表明，Nuemann 边界处理土壤过湿（径流等）是合理的，而设定临界水头，将第一类边界计算实际蒸发可能不够准确。可以用水文模型中的实际蒸发模块来代替该边界的转换，即用田间持水量和凋萎系数来计算 E_a。在大气边界中嵌入了考虑蒸发和蒸腾胁迫的模型，代替防止含水量过低的条件。

3. 下边界条件

下边界条件包括定水头边界、定流量边界、自由排水边界等。

（1）定水头边界。下边界的定水头边界和上边界定水头边界类似，也是第一类边界，可表示为

$$h(z,t)=h_0 \quad z=L \quad t>0 \tag{4-20}$$

式中：L 为计算土层深度。

（2）定流量边界。下边界的定流量边界一般指通量为零的第二类边界，可表示为

$$\frac{\partial h}{\partial z} \quad z=L \quad t>0 \tag{4-21}$$

（3）自由排水边界。自由排水边界常用于地下水埋深较深的区域。该边界的数学定义为

$$\left.\frac{\partial h}{\partial z}\right|_{z=z_L}=0 \tag{4-22}$$

4.1.2 溶质运移预测模型

饱和-非饱和土壤中溶质运移方程用水动力弥散方程来描述。水动力弥散方程通常称对流弥散方程，根据土壤中溶质的运移是否以弥散为主或以对流为主，方程具有抛物型方程或双曲型方程的性质。

4.1.2.1 对流-弥散方程

根据质量守恒定理，土壤单元体内溶质的质量变化率应等于流入和流出该单元体溶质通量之差：

$$\frac{\partial(\theta c)}{\partial t}+\frac{\partial(\rho s)}{\partial t}=\frac{\partial}{\partial z}\left[\theta D\frac{\partial c}{\partial z}\right]-\frac{\partial(qc)}{\partial z}+R \tag{4-23}$$

式中：c 为土壤溶液浓度，m/L^3；D 为饱和-非饱和水动力弥散系数；s 为吸附在土壤颗粒上的溶质浓度，m/m，采用等温吸附模式的形式，即 $s=K_d c$，K_d 为土壤对溶质的吸附系数；R 为各种源汇项之和，m/L^3；q 为土壤水的通量。

当不考虑源汇项和土壤吸附作用时，式（4-23）变为

$$\frac{\partial(\theta c)}{\partial t}=\frac{\partial}{\partial z}\left[\theta D\frac{\partial c}{\partial z}\right]-\frac{\partial(qc)}{\partial z} \tag{4-24}$$

4.1.2.2 对流弥散方程的定解条件

（1）初始条件。溶质浓度分布：

$$c=c(z) \quad t=0 \quad 0\leqslant z\leqslant L \tag{4-25}$$

（2）上边界条件。

1）第一类边界。当边界上的浓度已知时采用：

$$c=c(t) \quad z=0 \quad t>0 \tag{4-26}$$

2）第三类边界。当地表处于入渗状态，降雨或灌溉用水的溶质浓度 $c_R(t)$ 已知时为第三类边界。溶质运移通量为

$$J=-\theta D\frac{\partial c}{\partial z}+qc \tag{4-27}$$

故：

$$-\theta D\frac{\partial c}{\partial z}+qc=qc_R(t) \quad z=0 \quad t>0 \tag{4-28}$$

当供水强度 $R(t)$ 小于入渗能力时，地表处的水分运动通量 $q=q(0,t)=R(t)$；当供水强度超过入渗能力时，$q(0,t)$ 由土壤水分运动求解得到，且 $q(0,t)<R(t)$。

当地表处于蒸发状态，蒸发强度 $E_s(t)$ 已知或求解土壤水运动得出，此时亦属第三类边界。因蒸发时，地表处 $J=0$、$q=-E_s(t)$，故：

$$-\theta D\frac{\partial c}{\partial z}+cE_s(t)=0 \quad z=0 \quad t>0 \tag{4-29}$$

一般来说，如果已知边界上的溶质浓度，则在该边界上应用第一类边界或第三类边界都是可行的，但是最好应用第三类边界，因为这种边界条件比第一类边界在物理上更真实地描述了溶质的运动，并且在计算过程中有利于保持溶质质量平衡。

3）二类边界。进行田间或室内试验时，地表处可以是既不入渗也不蒸发，即处于所谓的再分配状态，此时属于第二类边界。因 $J=0$，$q=0$，故

$$\frac{\partial c}{\partial c}=0 \quad z=0 \quad t>0 \tag{4-30}$$

4）下边界。根据具体情况常取下列第一类边界或第二类边界：

$$c=cL(t) \quad z=L \quad t>0 \tag{4-31}$$

$$\frac{\partial c}{\partial z}=0 \quad z=L \quad t>0 \tag{4-32}$$

上述基本方程、初始条件和边界条件构成了一维饱和-非饱

和土壤中溶质运移问题的数学模型。

4.1.2.3 一维饱和-非饱和水动力弥散系数

一维饱和-非饱和水动力弥散系数为一个张量，可以表示为（Bear，1972）：

$$D\theta = D_L |q| + \theta D_d \tau \tag{4-33}$$

式中：D_d 为离子或分子在静水中的扩散系数，L_2/T；τ 为土壤孔隙的曲率因子；D_L 和 D_T 为纵向弥散度，L；q 为水流通量，L/T。

土壤孔隙的曲率因子可以表达为土壤含水率的函数，即

$$\tau = \frac{\theta^{7/3}}{\theta_s^2} \tag{4-34}$$

4.1.3 作物蒸腾与土壤蒸发

作物潜在蒸散量是指参考作物在水肥条件充足的情况下所产生的蒸腾量和蒸发量之和。SWAP 采用联合国粮农组织（FAO）推荐的 Penman－Monteith 公式计算作物潜在蒸散量 ET_p，其公式为

$$ET_p = \frac{\dfrac{\Delta_v}{\lambda_w}(R_n - G) + \dfrac{p_1 \rho_{air} C_{air}}{\lambda_w} \dfrac{e_{sat} - e_a}{r_{air}}}{\Delta_v + \gamma_{air}\left(1 + \dfrac{r_{crop}}{r_{air}}\right)} \tag{4-35}$$

式中：ET_p 为潜在蒸散量，mm/d；Δ_v 为蒸汽压曲线的斜率，kPa/℃；λ_w 为气化潜热，J/kg；R_n 为冠层上部净辐射通量密度，J/(m^2·d)；G 为土壤热通量密度，J/(m^2·d)；p_1 为单位换算系数，86400s/d；ρ_{air} 为空气密度，kg/m^3；C_{air} 为空气热容量，J/(kg·℃)；e_{sat} 为饱和蒸汽压，kPa；e_a 为实际蒸汽压，kPa；r_{air} 为空气阻力，s/m；γ_{air} 为湿度计常数，kPa/℃；r_{crop} 为作物阻力，s/m。

由于 Penman－Monteith 公式要求的资料较多，在资料不足

的情况下，SWAP 也可以采用参照作物蒸散量来计算潜在作物蒸散量，其公式为

$$ET_{p0}=k_c \cdot ET_{ref} \tag{4-36}$$

式中：ET_{p0}为潜在作物腾发量，cm/d；k_c 为作物系数；ET_{ref}为参照作物蒸散量，cm/d。

作物系数的取值主要取决于所采用计算参照作物蒸散量的方法，在 SWAP 中 k_c 从开花期到成熟期被定义为常量。

SWAP 中，利用作物叶面积指数（LAI）或土壤覆盖率（SC）将所得潜在蒸散量划分为作物潜在蒸腾量和土壤潜在蒸发量，然后根据土壤的实际含水量计算作物的实际蒸腾量及土壤的实际蒸发量。

4.1.4 作物生长模型

SWAP 模型中采用的作物模型包括详细作物生长模型和简单作物生长模型。详细作物生长模型模拟作物的生长过程，而简单作物生长模型则模拟作物的最终产量。简单作物生长模型（Smith，1992）如下：

$$1-\frac{Y_{a,k}}{Y_{p,k}}=K_{y,k}\left(1-\frac{T_{a,k}}{T_{p,k}}\right) \tag{4-37}$$

式中：$Y_{a,k}$、$Y_{p,k}$、$T_{a,k}$、$T_{p,k}$分别为各生育阶段作物实际产量、最大产量、实际蒸腾量、最大蒸腾量；$K_{y,k}$为各生育阶段作物产量反应系数。

SWAP 模型中运用以各生育阶段相对产量连乘的数学模型和结构关系表示整个生育阶段的相对产量：

$$\frac{Y_a}{Y_p}=\prod_{k=1}^{n}\left(\frac{Y_{a,k}}{Y_{p,k}}\right) \tag{4-38}$$

式中：Y_a、Y_p 分别代表整个生育期的累积实际产量、累积最大产量；n 为不同生育阶段的数量。

复杂作物模型采用 WOFOST 作物模型原理，能模拟在各种气象及管理条件下作物的生长过程及最终的作物产量。涉及作物

的发育阶段、各器官生长、干物质分配、光合作用等模拟。模拟过程见图 4-1-1。

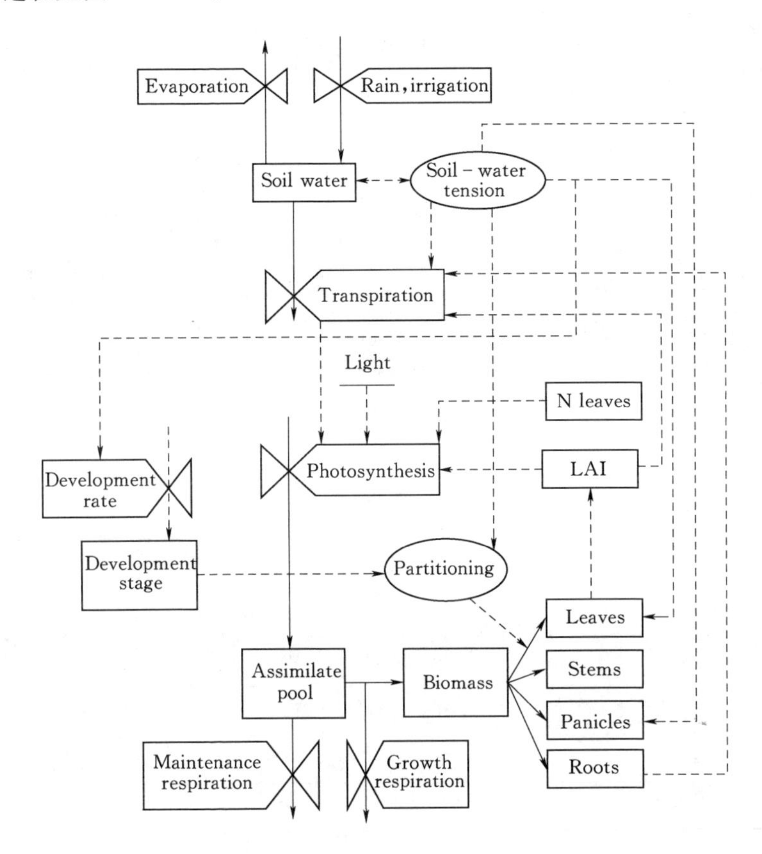

图 4-1-1 WOFOST 作物生长模拟过程

4.2 模型参数分析

采用基地实地观测气象数据，对 SWAP-WOFOST-SUGARCANE 模型参数进行敏感性分析，首先是模型参数的选取，SWAP-WOFOST-SUGARCANE 模型的参数共 56 个，见表

4-2-1，根据经验及文献设定均值，为了进行参数敏感性分析，需设定一定的扰动，本书中设定扰动为10%。

表4-2-1　　SWAP模型参数

参数	定　义	均值	扰动/%
thetaR	残余含水量（cm^3/cm^3）	0.10	10
thetaS	饱和含水量（cm^3/cm^3）	0.48	10
alfa	干边曲线形状参数（cm^{-1}）	0.08	10
npar	VG模型形状参数（—）	1.56	10
Ksat	饱和渗透系数（cm/d）	21.0	10
TSUMEA	开花期累积温度日（℃ d）	5186	10
TSUMAM	成熟期累积温度日（℃ d）	642	10
TDWI	初始干物质量（kg/hm^2）	600	10
LAIEM	萌芽期叶面积指数	0.1782	10
RGRLAI	最大相对叶面积增长速度	0.05	10
SPAN	35℃时叶片寿命（d）	75	10
TBASE	叶片生理老化温度下限（℃）	10	10
SLATB0	指定叶面积（hm^2/kg，DVS=0）	0.0009	10
SLATB0.78	指定叶面积（hm^2/kg，DVS=0.78）	0.0008	10
SLATB2.0	指定叶面积（hm^2/kg，DVS=2.0）	0.0010	10
EFF	光利用系数（kg CO_2 J^{-1} adsorbed）	0.45	10
AMAXTB0	最大CO_2同化速率（kg/(hm^2·h)，DVS=0）	70	10
AMAXTB1.25	最大CO_2同化速率［kg/(hm^2·h)，DVS=1.25］	70	10
AMAXTB1.5	最大CO_2同化速率［kg/(hm^2·h)，DVS=1.5］	42	10
AMAXTB1.75	最大CO_2同化速率［kg/(hm^2·h)，DVS=1.75］	42	10
AMAXTB2.0	最大CO_2同化速率［kg/(hm^2·h)，DVS=2.0］	30	10

续表

参数	定　义	均值	扰动/%
TMPFTB9	CO_2 同化速率衰减系数（—，AveT=9℃）	0.0	10
TMPFTB16	CO_2 同化速率衰减系数（—，AveT=16℃）	1.0	10
TMPFTB18	CO_2 同化速率衰减系数（—，AveT=18℃）	1.0	10
TMPFTB20	CO_2 同化速率衰减系数（—，AveT=20℃）	1.0	10
CVL	叶片干物质转换系数	0.72	10
CVO	存贮器官物质转换系数	0.73	10
CVR	根系干物质转换系数	0.72	10
CVS	株茎干物质转换系数	0.72	10
Q10	呼吸作用每 10 ℃增长速率	2	10
RML	叶片维持呼吸相对速率（$kgCH_2O\ kg^{-1}\ d^{-1}$）	0.03	10
RMO	储存器官维持呼吸相对速率（$kgCH_2O\ kg^{-1}\ d^{-1}$）	0.01	10
RMR	根系维持呼吸相对速（$kgCH_2O\ kg^{-1}\ d^{-1}$）	0.015	10
RMS	株茎维持呼吸相对速率（$kgCH_2O\ kg^{-1}\ d^{-1}$）	0.007	10
RFSETB1.75	衰亡衰减系数（—，DVS=1.75）	1.0	10
RFSETB2.0	衰亡衰减系数（—，DVS=2.0）	1.0	10
FRTB0	总干物质量分配到根系系数（—，DVS=0）	0.67	10
FRTB0.4	总干物质量分配到根系系数（—，DVS=0.4）	0.16	10
FRTB0.6	总干物质量分配到根系系数（—，DVS=0.6）	0.16	10
FRTB0.9	总干物质量分配到根系系数（—，DVS=0.9）	0.16	10
FLTB0	地上总干物质量分配到叶系数（—，DVS=0）	1.0	10
FLTB0.33	地上总干物质量分配到叶系数（—，DVS=0.33）	0.66	10
FLTB0.88	地上总干物质量分配到叶系数（—，DVS=0.88）	0.24	10
FSTB0	地上总干物质量分配到株茎系数（—，DVS=0）	0.0	10

续表

参数	定　义	均值	扰动/%
FSTB0.33	地上总干物质量分配到株茎系数（一，DVs=0.33）	0.0	10
FSTB0.88	地上总干物质量分配到株茎系数（一，DVS=0.88）	0.1	10
FOTB1.05	地上总干物质量分配到储存器官系数（一，DVS=1.05）	1.0	10
FOTB2.0	地上总干物质量分配到储存器官系数（一，DVS=2.0）	1.0	10
RDRRTB1.5001	根系相对死亡速率（一，DVS=1.5001）	0.02	10
RDRRTB2.0	根系相对死亡速率（一，DVS=2.0）	0.02	10
RDRSTB1.5001	株茎相对死亡速率（一，DVS=1.5001）	0.02	10
RDRSTB2.0	株茎相对死亡速率（一，DVS=2.0）	0.02	10
COFAB	降雨截取深度（cm）	0.25	10
RDI	根系初始深度（cm）	10	10
RRI	根系日最大生长深度（cm d^{-1}）	1.2	10
RDC	根系最大深度（cm）	60	10

采用 Morri's（1991）参数敏感性分析公式（4-39）方法进行参数敏感性分析。首先利用 Mento Carlo 随机抽样方法根据均值和扰动抽取 100 个样本，编写 Fortran 及 MATLAB 程序实现计算过程并进行结果处理与分析，共有 $100\times(56+1)=5700$ 次运算，分析参数对作物生育阶段（DVS）、叶面积指数（LAI）、缺水指数（WS）、产量（Yield）的敏感性。

$$R_i(x_1,\cdots,x_n,\Delta)=\frac{y(x_1,\cdots,x_{i-1},x_i+\Delta,x_{i+1},\cdots,x_n)-y(x_1,\cdots,x_n)}{\Delta} \tag{4-39}$$

式中：$x_i=(x_1,\cdots,x_n)$ 为参数维度；$y(x)$ 为模型输出；Δ 为参数增量。

采用参数 i 的 R_i 的绝对均值评价参数的敏感性，均值越大，敏感性越高。敏感性评价结果见图 4-2-1。

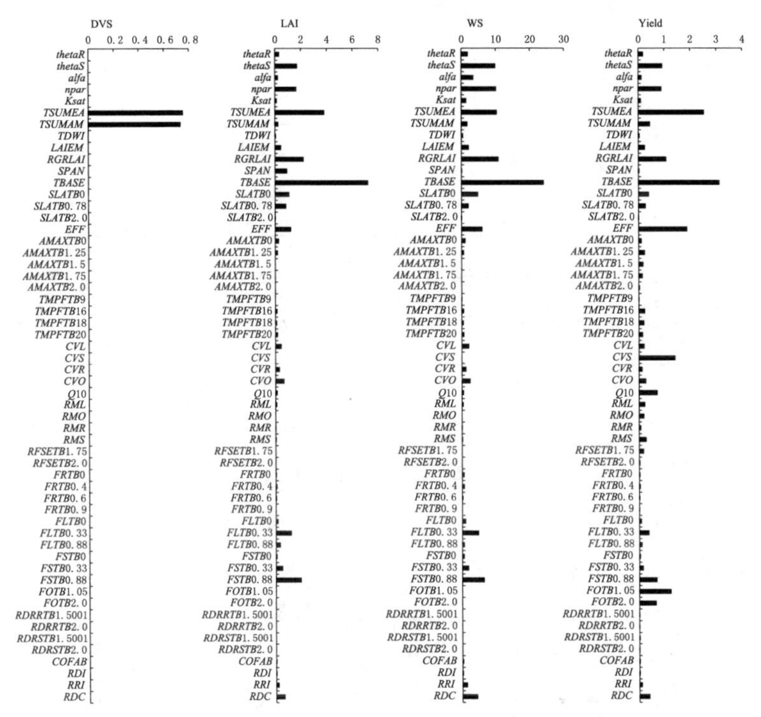

图 4-2-1 参数敏感性评价结果

4.3 模拟结果

4.3.1 选取敏感性参数

根据图 4-2-1，选取 ThetaS，npar，TSUMEA，RGRLAI，TBASE，EFF，CVS 7 个敏感性参数，参数的均值及不确定性见表 4-3-1。

表 4-3-1　　敏感性参数的均值及不确定性

参数	均值	不确定性/%
ThetaS	0.48	10
npar	1.56	10
TSUMEA	5186	10

续表

参数	均值	不确定性/%
RGRLAI	0.05	10
TBASE	10	10
EFF	0.45	10
CVS	0.72	10

4.3.2 结合观测的优化模拟

采用结合观测的 4DV（4 - Dimensional Variable）方法进行模拟，方法如下：

$$J(p)=\sum_{i=1}^{N}(Var_{\mathrm{mod},i}-Var_{\mathrm{obs},i})^2 \qquad (4-40)$$

式中：i 为观测时间；N 为观测次数；Var 为观测变量（土壤水分、干物质量、叶面积等）。$J(p)$ 越小则表明模型结果越可靠。

4.3.3 模拟结果

模型土壤深度为 100cm，根据实地勘察及文献查阅，甘蔗根系深度设定为 30cm（2016 年 4 月 4 日—5 月 13 日），50cm（2016 年 5 月 14 日—7 月 2 日），60cm（2016 年 7 月 3 日—12 月 9 日）。结合前期土地整理数据，只需考虑一层土壤。

1. 最佳需肥量计算

首先利用 SWAP - WOFOST - SUGARCANE 模型模拟甘蔗在潜在生长情况下的最佳需肥量。实际测量的土壤初始 N、P、K 含量见表 4 - 3 - 2。

表 4 - 3 - 2　　土壤初始 N、P、K 含量

元素含量	N	P	K
含量/(kg/hm²)	49.3	12.2	79.8

模型模拟结果如图 4 - 3 - 1 所示。

从图 4 - 3 - 1 可知，潜在生长条件下，最佳施肥量为 142.3（N，kg/hm²），70.1（P，kg/hm²）和 243.1（K，kg/hm²），水胁迫条件下，最佳施肥量为 146.8（N，kg/hm²），

Crop production	Potential	Nutrient limited	Water limited
Leaves:	11846.	7315.	11769.
Stems:	13267.	8192.	13753.
Stroage organ	0.	0.	0.
Ration SO/straw:	0.00	0.00	0.00
Harvest index:	0.00	0.00	0.00
Fertilizer N:	142.3	–	146.8
Fertukuzer P:	70.1	–	72.8
Fertukuzer K:	243.1	–	250.6

图 4-3-1 模型模拟结果

72.8(P，kg/hm^2) 和 250.6(K，kg/hm^2)。最佳施肥量与 0.8 倍的水平最为接近，表明 0.8 水平为最适施肥量，观测产量在此水平下最高（不缺水田块）印证了这一事实。但是 0.8 倍水平下，N 肥施用量偏高，实际中可适当降低。

2. 最佳灌水量计算

灌溉上限为田间持水量（0.35m^3/m^3）的 0.8 倍（2016 年 4 月 4 日—5 月 13 日），0.85 倍（2016 年 5 月 14 日—10 月 10 日）及 0.8 倍（2016 年 10 月 11 日—12 月 9 日），下限为田间持水量的 0.6 倍（2016 年 4 月 4 日—5 月 13 日），0.65 倍（2016 年 5 月 14 日—10 月 10 日）及 0.6 倍（2016 年 10 月 11 日—12 月 9 日）。共有两次灌水，时间分别为 2016 年 10 月 3 日和 2016 年 10 月 17 日，两次灌溉量一样，灌溉水平及实测产量见表 4-3-3。

表 4-3-3 灌溉水平及实测产量

单次灌水水平	0	0.5 倍	0.8 倍	1 倍	1.5 倍
灌水量/mm	0	18.83	30.125	37.66	56.48
实测产量/(t/亩)	5.53	5.78	6.83	6.29	5.79

模拟结果表明在前中期，作物受旱较弱，但受渍较为严重，原因是大量连续降雨，因此需要做好田间排水措施。但在后期，土壤含水量较低，受旱胁迫出现，随着增加灌溉量，土壤含水量增加，但是超过 0.8 倍水平之后，出现受渍现象，造成作物减

产，所以可知最佳灌溉量水平是0.8倍，这与实际观测一致。故，在实际管理中，因广西地区季节性降水现象明显，不能盲目灌水，要做到合理灌水，同时需灌排结合，将获得更好的产量。

通过模型模拟可以得到完整的土壤水分剖面以及作物生产过程，根据不同时期的甘蔗根系深度及根系区含水量可以为生产实际提供良好指导，同时为大面积估产提供方法。

5 基于高低空遥感数据的糖料蔗生长模型解译

5.1 基于低空遥感的糖料蔗生长情况解译

5.1.1 株高

5.1.1.1 株高简介

糖料甘蔗是我国最主要的糖料作物，全国90%以上的食糖为甘蔗糖。在当前蔗区面积缩小、作物竞争加剧的现实背景下，提高单产是确保我国蔗糖总产水平、保障食糖安全的必由之路。株高是蔗茎产量的三大构成因子之一，并与含糖量呈极显著正相关，对单产具有直接决定作用。同时，株高还同甘蔗冠层结构和抗倒伏、抗风折性能密切相关，从而能够间接影响实际产量。因此，甘蔗高产高糖新品种选育中，株高作为重要的目标性状，始终备受关注。

传统的株高获取方法主要为人工测量。人工测量株高费时费力，而且仅仅适用于小规模的试验田，无法向大尺度推广。甘蔗复杂的冠层结构加大了人工测量株高的难度，测量结果因人而异，不仅加大了测量系统误差，也使得测量结果缺乏客观性。

基于动态结构算法（structure from motion，SfM）可以建立三维立体的作物表面模型（digital crop surface models，CSM），通过作物表面模型可以进一步提取株高。

5.1.1.2 生育期内CSM株高与观测株高变化趋势

从图5-1-1中可以看出，从作物表面模型CSM提取的株高要比实测株高略低，这是因为建立CSM不仅考虑了冠层最高点的像元，而且考虑了其他较低点，因此可以认为CSM提取的株高相当于实际冠层高度的平滑值。

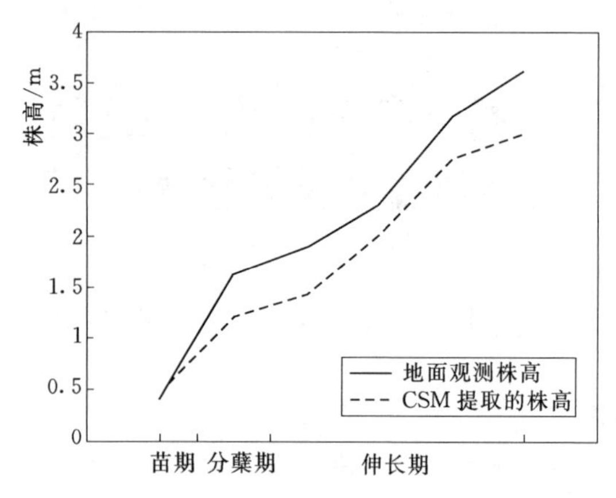

图 5-1-1 生育期内 CSM 株高与观测株高变化趋势

5.1.1.3 生育期内预测株高与观测株高变化趋势

通过均匀分布的随机函数选择作物表面模型 CSM 提取的株高与实测株高所有样本的 70%作为校正集，以此建立回归方程，可以得出预测株高随生育期的变化曲线，如图 5-1-2 所示，可见预测的株高与观测的株高有较好的拟合效果。

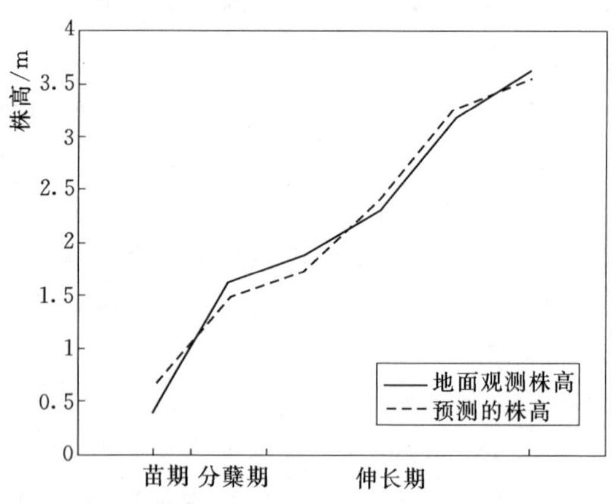

图 5-1-2 生育期内预测株高与观测株高变化趋势

5.1.1.4 观测株高与 CSM 提取的株高

通过无人机高清数码影像反演单时域条件下实验区的株高，

可以快速获取实验小区的株高分布情况，从而对株高较低的小区实施精细化管理。通过这种具有针对性的管理方法，不仅仅使水、肥利用率提高，也能保证产量的最大化。以重复处理一区的1～20号实验小区为例。用观测株高与CSM提取的株高建立回归模型，模拟结果如图5-1-3～图5-1-5所示。

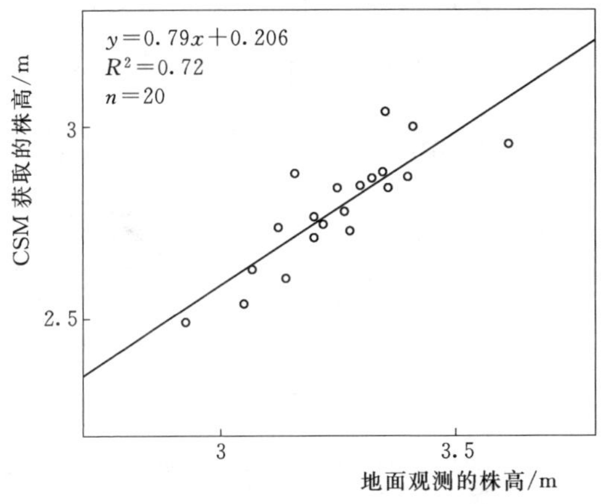

图5-1-3　观测株高与CSM提取株高
(1～20号小区，8月31日)

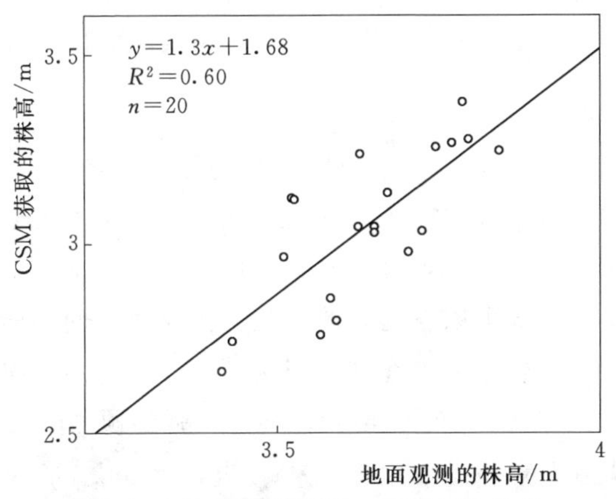

图5-1-4　观测株高与CSM提取株高
(1～20号小区，10月2日)

如图 5-1-3～图 5-1-5 所示，以 8 月 31 日、10 月 2 日、12 月 4 日数据为例，单时域下观测株高与 CSM 提取株高具有显著的相关关系（$p<0.01$），因此说明单时域条件下使用 CSM 预测作物株高的方法是可行的。

全生育期观测株高与 CSM 提取的株高散点图及回归方程如图 5-1-5 所示。由图可知，回归方程决定系数 $R^2=0.96$，说明 CSM 提取作物株高与观测株高有较好的拟合效果。

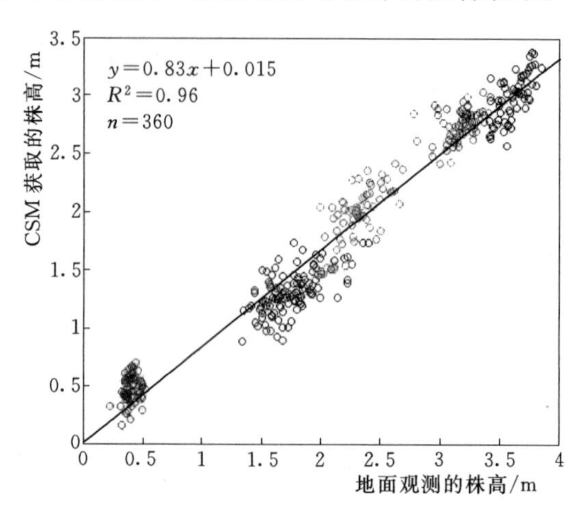

图 5-1-5 观测株高与 CSM 提取株高

5.1.1.5 预测株高与观测株高

使用均匀分布的随机函数随机选择所有样本的 70%作为校正集，30%作为验证集，使用校正集建立最小二乘线性回归模型，用于预测验证集的株高，结果如图 5-1-6 所示。

由图 5-1-6 可以看出，使用校正集建模再使用验证集检验回归模型，预测值与观测值的决定系数 $R^2=0.96$，均方根误差 $RMSE=0.2151$(m)。说明回归模型有较强的预测能力。

5.1.2 VI 与 LAI

5.1.2.1 VI 与 LAI

利用多光谱计算的各类指标反演叶面积指数 LAI。如图 5-1-7

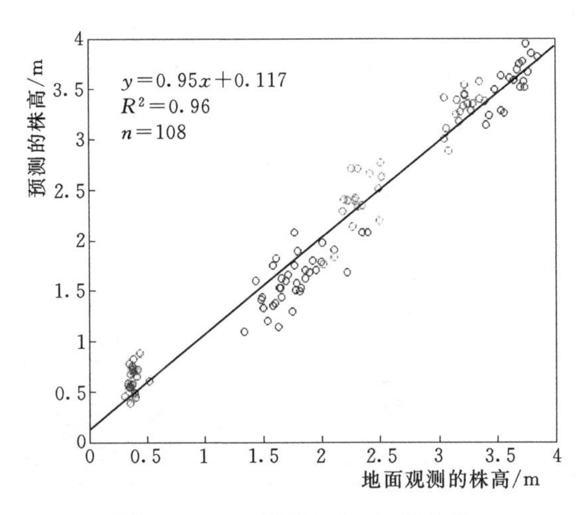

图 5-1-6 观测株高与预测株高

所示，试验获取了糖料蔗不同生育期的 75 个田块的叶面积指数进行分析，发现 LAI 变化随着生育期变化逐渐增大，当从苗期增大到伸长期之后由于叶片的老落以及蔗茎的增长，叶面积指数在成熟期下降。该结果与何亚娟（2013）、黄家雍（2011）的研究结果相同。

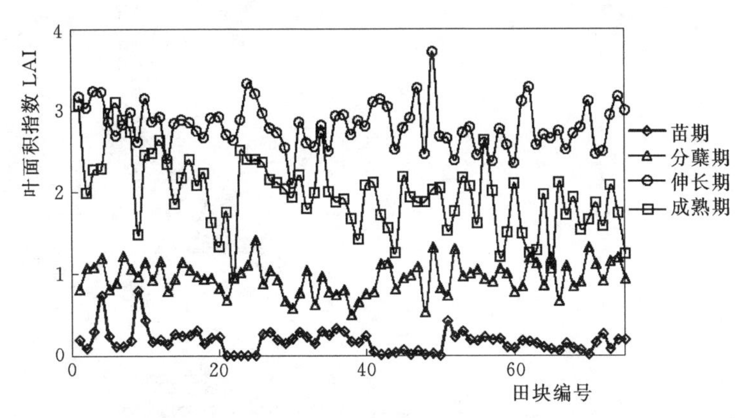

图 5-1-7 不同生育期甘蔗叶面积指数变化规律图

由图 5－1－8 可知，由于 7 月下旬进行培土可见 7 月 9 日至 7 月 29 日之间，LAI 出现“台阶”。10 月 20 日发生倒伏，LAI 下降显著，后又回升。

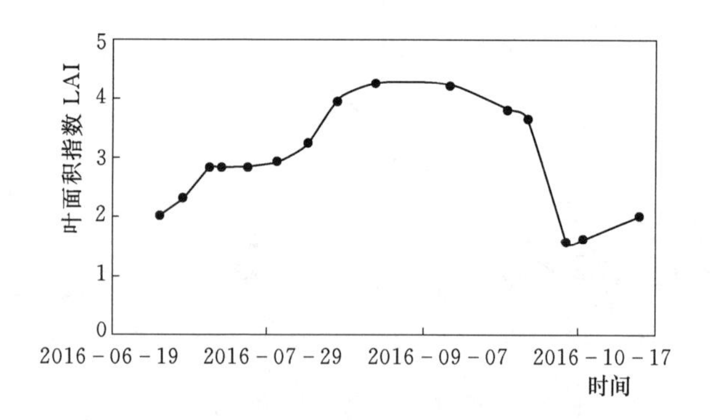

图 5－1－8 甘蔗平均叶面积指数随时间变化图

对比全生育期 NDVI 与 LAI 回归模型模拟结果如图 5－1－9 所示。

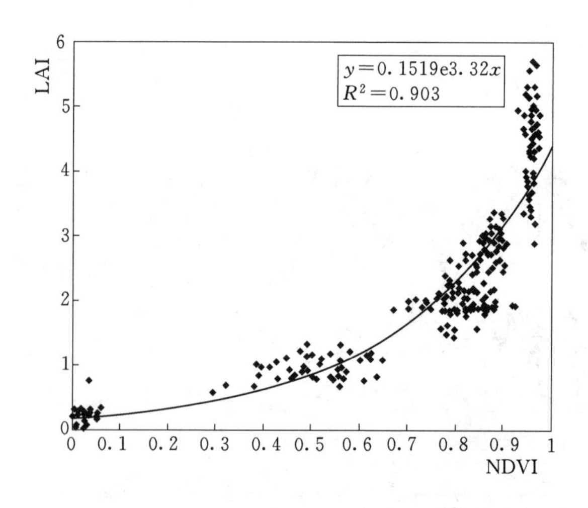

图 5－1－9 全生育期 NDVI 与 LAI 回归模拟结果图

全生育期LAI回归规律：NDVI在LAI大于3左右饱和。Wang（2003）在水稻中得出相似结论。利用全生育期反演结果估算LAI情况，如图5-1-10～图5-1-12所示，发现同样对于LAI大于3时，利用NDVI估算结果欠佳。为此我们开展了不同生育期的回归模型以及不同指标（能够减少过饱和现象的指标）进行了回归分析，回归结果见表5-1-1。

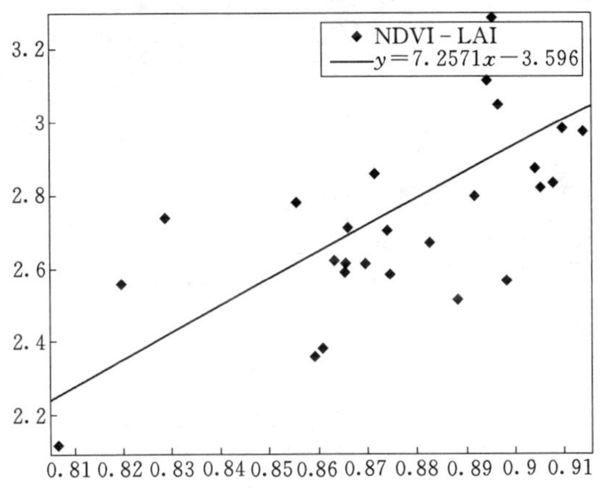

图5-1-10 伸长期NDVI-LAI

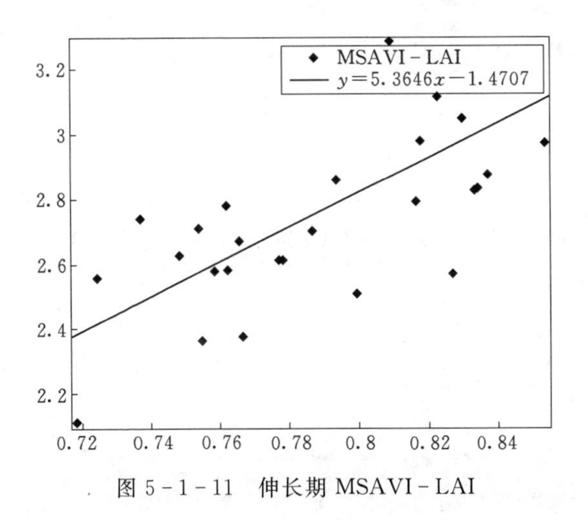

图5-1-11 伸长期MSAVI-LAI

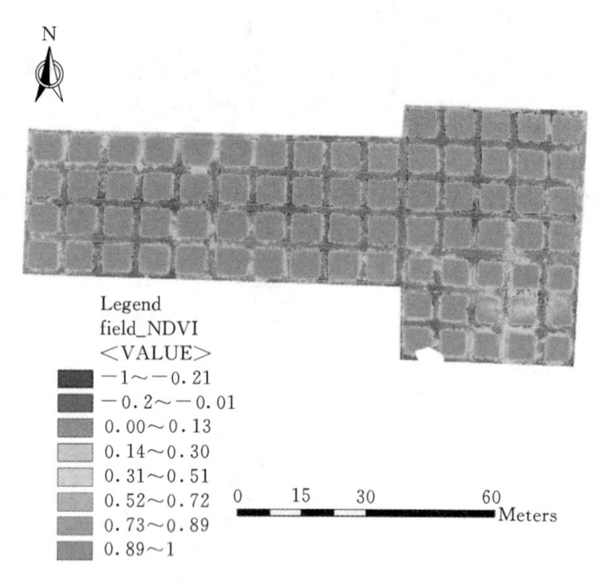

图 5-1-12　伸长期 NDVI 结果

表 5-1-1　　　　不同植被指数回归结果

植被指数	公　式	相关系数
NDVI	$NDVI=(\rho NIR-\rho RED)/(\rho NIR+\rho RED)$	0.68804
MSAVI	$MSAVI=0.5(2\rho NIR+1-[(\rho NIR+1)_2+1]-8(\rho NIR-\rho RED)$	0.722793193
GNDVI	$NDVI=(\rho NIR-\rho GREEN)/(\rho NIR+\rho GREEN)$	0.436921045
TVI	$TVI=0.5(120\rho NIR-\rho GREEN)-200(\rho RED-\rho GREEN)$	0.444971909
SR	$SR=\rho NIR/\rho RED$	0.519133894

其中回归效果最好的 NDVI 和 MSAVI 结果见图 5-1-13 及图 5-1-14。

5.1.2.2 基于 CSMs 提取株高的精度分析

试验期间，总共在实验小区飞行采集数据 8 次（2016 年 5 月 14 日—12 月 4 日），数据采集涵盖了糖料蔗的整个生育期。汇总数据并分析糖料蔗全生育期内地面观测的株高和基于 CSMs 提取的株高的生长趋势和线性回归方程，如图 5-1-14 所示。

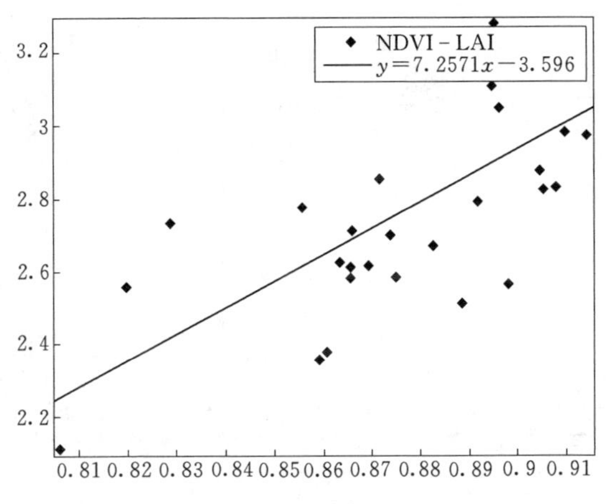

图 5-1-13 伸长期 NDVI-LAI

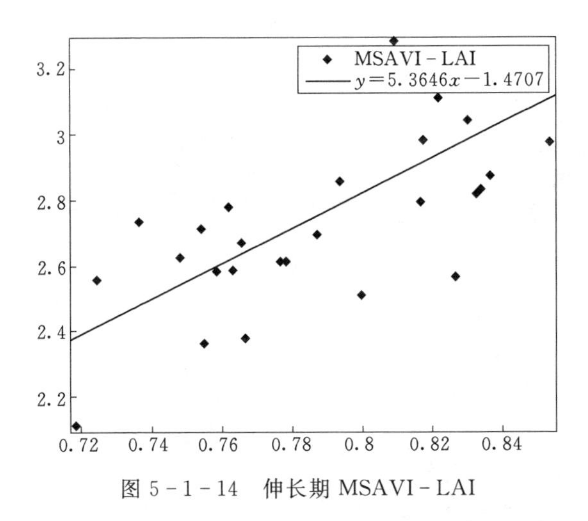

图 5-1-14 伸长期 MSAVI-LAI

为了比较有无地面控制点条件下 CSMs 提取株高的精度，在两种条件下分别随机选择所有样本的 70%作为校正集，30%作为验证集，使用校正集建立最小二乘线性回归模型用于预测验证集的株高［图 5-1-15 (a)～(d)］。由于试验区处于丘陵地区，无控制点条件下采用地面插值的方法直接从 CSMs 中提取株高建

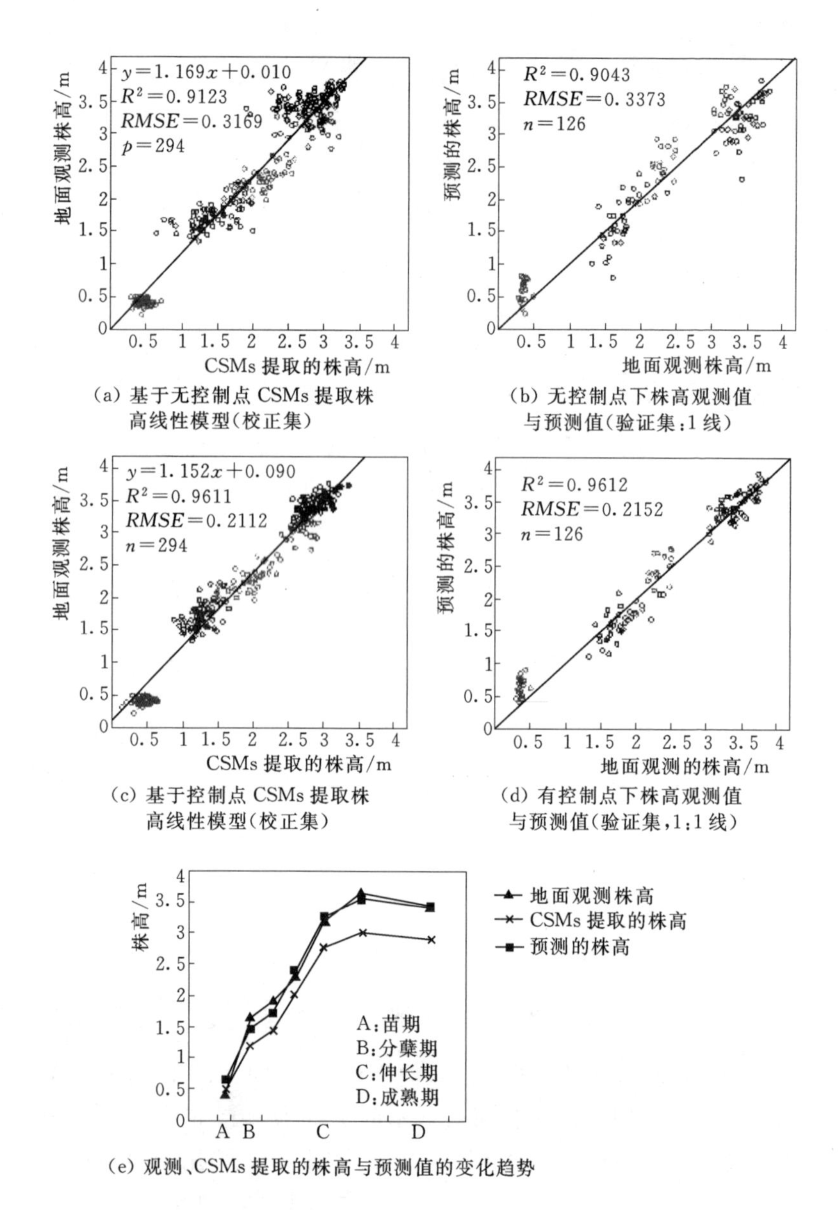

(a) 基于无控制点 CSMs 提取株高线性模型(校正集)

(b) 无控制点下株高观测值与预测值(验证集:1线)

(c) 基于控制点 CSMs 提取株高线性模型(校正集)

(d) 有控制点下株高观测值与预测值(验证集,1:1 线)

(e) 观测、CSMs 提取的株高与预测值的变化趋势

图 5-1-15　由 CSMs 提取的株高估算实际株高

立的模型预测误差较大（$R^2=0.9043$，$RMSE=0.3373$），如图5-1-15（a）、（b）所示。这是因为地面插值所选的裸地像元仅局限于小区外的过道部分，对小区内地面高程代表性差，不能很好地还原整个试验区的地形状况。此外，地面选点插值主观性强、工作量大，且作物的横向生长及过道杂草加大了选点难度和模型误差。

相比之下，有控制点条件下从CSMs中提取株高建立的模型有较强的预测能力，预测值与实测值有较好的拟合效果（$R^2=0.9612$，$RMSE=0.2152$），如图5-1-15（a）、（b）所示。所有样本中，CSMs提取的株高与实测株高的决定系数$R^2=0.9610$，模型高度拟合（$p<0.01$）。由于有控制点条件下CSMs提取的株高有更高的精度和代表性，下文仅对此条件下CSMs提取的株高进行分析。

如图5-1-15（e）所示，糖料蔗整个生育期内株高的变化范围为0～4m，从分蘖期开始到伸长期末株高快速伸长，成熟期伸长停止。由于成熟期受自然灾害的影响，实验区平均株高较伸长期末有所降低。比较观测株高与作物表面模型CSMs获取的株高发现，CSMs提取的株高普遍要比实测株高略低，这是由于拍摄到糖料蔗的冠层并不仅由第一片完全展开叶构成，其包含了较低叶片或者裸土的混合像元。因此生成的CSMs实际上是混合像元的综合高度。

5.1.2.3 基于株高和可见光植被指数的LAI估算模型

对比糖料蔗各个生育期下实测株高和实测LAI的变化趋势，如图5-1-16所示，可以看出伸长末期之前的糖料蔗株高和LAI有明显的相关关系和相同的变化趋势。但是由于糖料蔗在伸长末期部分叶片开始衰老枯黄，使得LAI开始呈现下降趋势，而株高却没有发生明显下降，且叶片的枯萎会对可见光植被指数造成一定的影响。

因此，在使用可见光植被指数和株高估算LAI的回归模型中，把数据样本分成全生育期（5月14日至12月4日，样本数

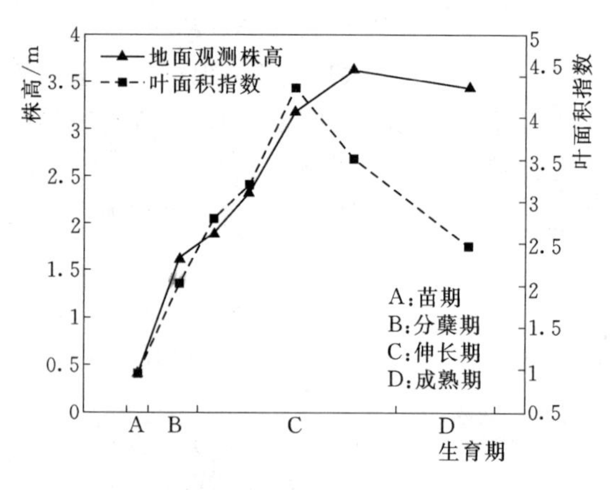

图 5-1-16　实测株高与 LAI 的变化趋势

n=420）和伸长末期之前（2016 年 5 月 14 日至 8 月 31 日，样本数 n=300）两部分，随机选择所有样本的 70%作为校正集，30%作为验证集，分别计算模型的决定系数 R^2 和均方根误差 *RMSE*（表 5-1-2）。结果显示，各可见光植被指数与 LAI 有明显指数函数关系，株高与 LAI 则为线性关系。

表 5-1-2　各可见光植被指数与株高与 LAI 的回归分析

项目	参数	预测模型	校正集			验证集			
			n	R^2	*RMSE*	n	R^2	*RMSE*	*MRE*
全生育期	GRVI	$y=2.916e^{3.739x}-0.630$	294	0.6332	0.6805	126	0.6538	0.6467	0.1940
	GLI	$y=2.389e^{9.229x}-0.102$	294	0.6324	0.6813	126	0.6536	0.6469	0.1936
	VARI	$y=3.876e^{1.860x}-1.610$	294	0.6391	0.6751	126	0.6562	0.6451	0.1949
	MGRVI	$y=2.389e^{1.873x}-0.670$	294	0.6319	0.6818	126	0.6533	0.6472	0.1940
	NRI	$y=215.98e^{-12.865x}+0.394$	294	0.6707	0.6449	126	0.6684	0.6360	0.1875
	NGI	$y=2.389e^{14.527x}$	294	0.5179	0.7808	126	0.5636	0.7255	0.2497
	观测株高	$y=0.761x+0.980$	294	0.5247	0.7747	126	0.5041	0.7725	0.2520
	CSM 提取的株高	$y=0.888x+1.025$	294	0.5181	0.7801	126	0.5080	0.7699	0.2729

续表

项目	参数	预测模型	校正集			验证集			
			n	R^2	*RMSE*	n	R^2	*RMSE*	*MRE*
苗期至伸长末期	GRVI	$y=1.019e^{9.873x}+0.759$	210	0.8259	0.4959	90	0.7790	0.5561	0.1680
	GLI	$y=0.926e^{22.160x}+0.838$	210	0.8248	0.4975	90	0.7785	0.5566	0.1679
	VARI	$y=1.196e^{5.506x}+0.598$	210	0.8292	0.4913	90	0.7766	0.5602	0.1687
	MGRVI	$y=0.926e^{5.072x}+0.768$	210	0.8252	0.4970	90	0.7785	0.5567	0.1683
	NRI	$y=2788.062e^{-21.228x}+0.807$	210	0.8213	0.5025	90	0.7570	0.5865	0.1678
	NGI	$y=0.926e^{21.533x}$	210	0.7664	0.5746	90	0.7599	0.5741	0.1635
	观测株高	$y=1.236x+0.341$	210	0.9026	0.3710	90	0.9010	0.3707	0.1243
	CSM 提取的株高	$y=1.448x+0.395$	210	0.9043	0.3677	90	0.9044	0.3662	0.1243

如表 5-1-2 所示，以全生育期样本进行建模时，各可见光植被指数中除 NGI 模型预测精度较低外，其余模型预测效果比较接近。其中 NRI 对 LAI 具有最高的建模精度（$R^2=0.6707$，$RMSE=0.6449$）和最优的预测效果（$R^2=0.6684$，$RMSE=0.6360$，$MRE=0.1875$）；其次，VARI 也能较好地预测 LAI（$R^2=0.6562$，$RMSE=0.6451$，$MRE=0.1949$），而此时期内株高和 NGI 对 LAI 的预测效果并不理想，验证集 R^2 仅为 0.50～0.56，*RMSE* 和 *MRE* 分别达到了 0.72～0.78、0.25～0.28。这是由于伸长末期后叶片的枯萎不仅造成 LAI 的下降，枯叶还出现在糖料蔗冠层影像中，增大了小区绿通道的 DN 值的噪音，因此株高和 NGI 模型预测效果较差。相比之下，数码相机的红通道中心波长（约 700nm）位于叶绿素强吸收带（660～680nm）之后的红边区，使得此波段对高叶绿素和低叶绿素含量都具有较好的敏感性。红通道的 DN 值在整个生育期内先随叶绿素的增加而下降，叶片衰老后再随叶绿素的减少逐渐上升，枯叶对其影响较小，因此 NRI 模型预测效果也较好。

以伸长末期以前的样本进行建模时，由于消除了叶片枯萎的影响，各模型的预测能力都有不同程度的提高，其中株高模型提高最大。各模型中，CSMs 提取的株高建立的模型预测效果最佳（R^2=0.9044，*RMSE*=0.3662，*MRE*=0.1243），其次为实测株高（R^2=0.9026，*RMSE*=0.3710，*MRE*=0.1243）。各可见光植被指数中除 NRI 和 NGI 预测精度略低外，其余模型预测效果比较接近，其中 GRVI 精度最高（R^2=0.7790，*RMSE*=0.5561，*MRE*=0.1680）。

综上分析，选择验证结果较好的参数 NRI、VARI、GRVI 和 CSMs 提取的株高做 1∶1 关系图以展示预测效果（图 5-1-17）。结果显示，在受伸长末期糖料蔗叶片开始枯萎的影响下，各模型对全生育期 LAI 的预测结果均低于伸长末期之前的结果，其中 CSMs 株高模型预测结果不稳定，*RMSE* 和 *MRE* 分别高达 0.7699 和 27.3%，因此 CSMs 株高并不适合预测伸长末期之后的 LAI。相比之下，NRI、VARI 和 GRVI 模型对预测全生育期的 LAI 有较好的能力。但是当 LAI 较高时，NRI、VARI 和 GRVI 发生了不同程度的饱和现象，使得预测值相对误差较大。相比之下，CSMs 株高在预测伸长末期以前 LAI 时不存在饱和的问题，并且此时段内 NRI、VARI 和 GRVI 验证模型的 R^2、*RMSE* 和 *MRE* 分别为 0.75～0.78、0.55～0.59 和 16.8%～16.9%，而 CSMs 株高模型 R^2 达到了 0.90，*RMSE* 和 *MRE* 降至 0.37 和 12.4%。可见 CSMs 株高在预测伸长末期之前的 LAI 时无论是在模型拟合度或是预测精度方面都比可见光植被指数具有明显的优势。

5.1.2.4 NDVI-产量

Francisco（2015）证实了能够利用不同生育期的 NDVI 直接估计产量。通过无人机载光谱计算的指数 NDVI 能够对作物的健康状况进行分类，能够预估产量。针对甘蔗全生育期多光谱数据分析发现，分蘖期和伸长期的 NDVI 能够较好地判断作物长势，预估产量。

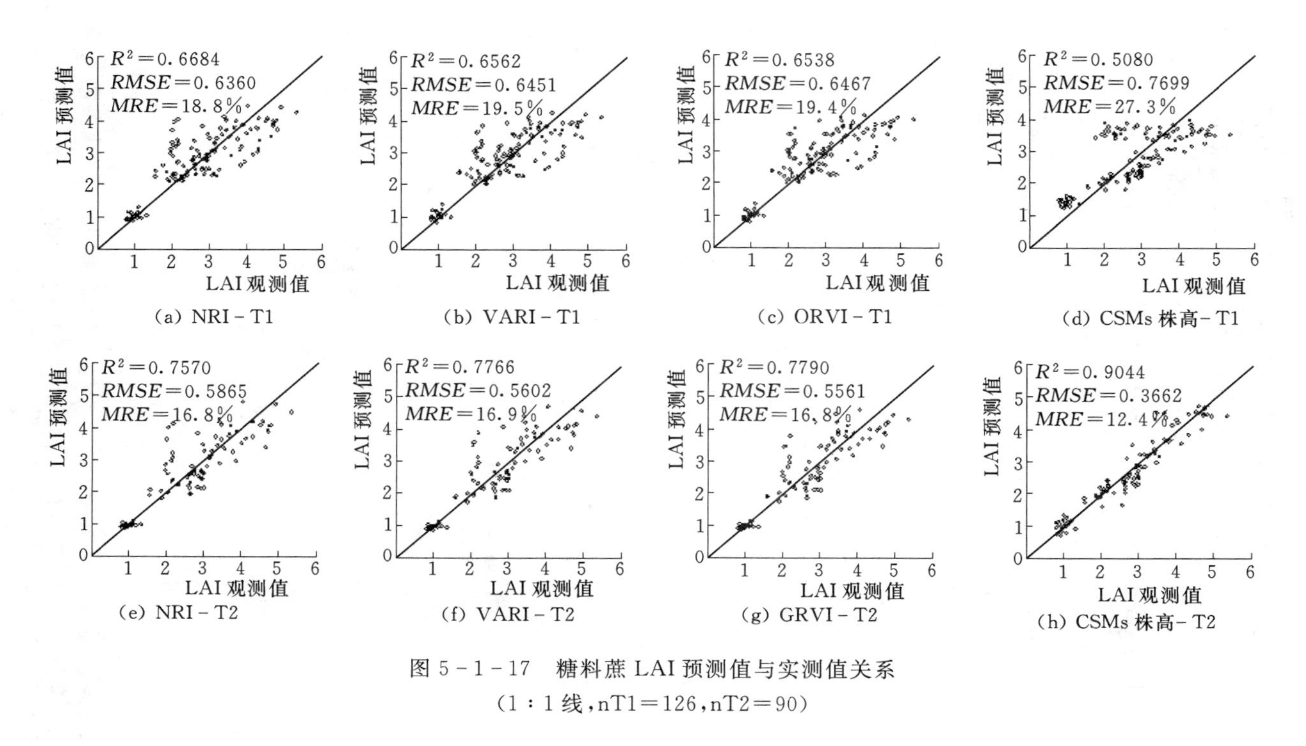

图 5-1-17　糖料蔗 LAI 预测值与实测值关系

(1:1 线,nT1=126,nT2=90)

图 5-1-18 和图 5-1-19 是 1～20 号田块 NDVI—产量回归结果，说明多光谱具备一定预估产量的能力，如果在甘蔗的分蘖期或伸长期进行作物长势监测，对 NDVI 偏低的区域进行更好的灌水施肥处理，能够保证最终的产量更加符合人们的期望。

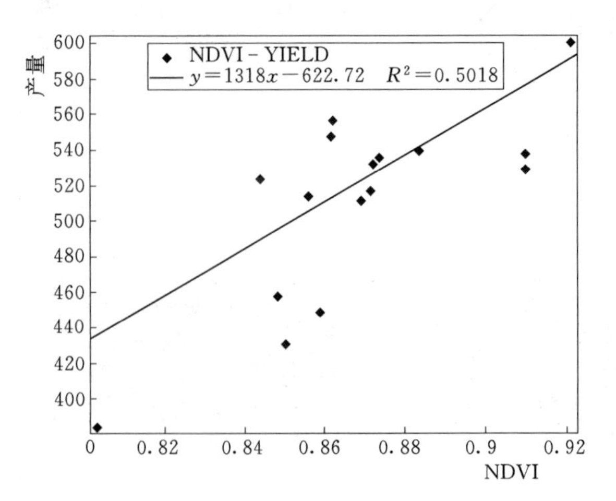

图 5-1-18 甘蔗分蘖期 NDVI—产量关系图

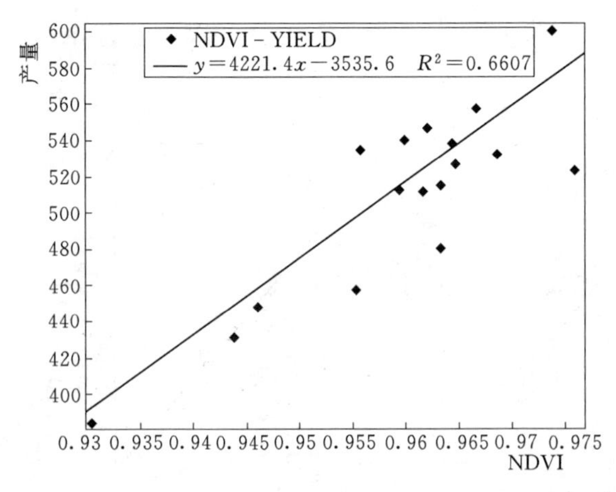

图 5-1-19 甘蔗伸长期 NDVI—产量关系图

5.1.3 叶片及观测氮素

5.1.3.1 氮素简介

氮素是对作物生长发育、产量品质形成影响最为显著的营养元素。氮素参与叶绿素的组成，不仅是蛋白质的主要组成成分，也是核酸和植物体内许多酶的重要组成成分。增施氮肥可以提高作物产量和改善作物产品品质，但是目前我国氮肥的利用率较低，过度施肥不仅是对资金和资源的浪费，还会引发一系列环境问题。因此，快速有效地跟踪和监测作物氮素状况，并据此确定科学的施肥管理措施，对提高氮素利用效率，合理利用资源，提高作物产量、改善品质以及保护环境都有重要意义。

作物氮营养评估的方法主要有如下几种：

(1) 通过作物外观（叶色、长势等），以经验来间接估计作物氮营养状况。

(2) 作物氮实验室检测。通过破坏植株样本来获取作物氮状况。

(3) 使用叶绿素仪（SPAD）测量作物叶绿素来间接反演氮。

(4) 通过高光谱数据，利用敏感波段组合建立模型。

其中，使用高光谱可以获得作物众多波段的反射率数据，通过各种算法可以筛选出敏感波段，从而与叶片氮素建立回归模型。

5.1.3.2 使用仪器

地物光谱仪为 Fieldspec 4（ASD. INC US）。采集光谱范围：350～2500nm。光谱分辨率可见光区 Vis/VNIR（350～1000nm）为 3nm；近红外区 SWIR（1001～2500nm）为 5nm。

5.1.3.3 使用全波段 NDSI 反演叶片氮

Normalised difference spectral index（NDSI）指的是所有 NDVI 形式的植被指数，其公式为

$$\mathrm{NDSI}=\frac{R_{\lambda 1}-R_{\lambda 2}}{R_{\lambda 1}+R_{\lambda 2}},\lambda_1>\lambda_2 \tag{5-1}$$

在 MATLAB 中计算出全波段组合的 NDSI，并与叶片氮实

验室检测数据做回归分析，画出相关系数矩阵，如图 5-1-20 所示。

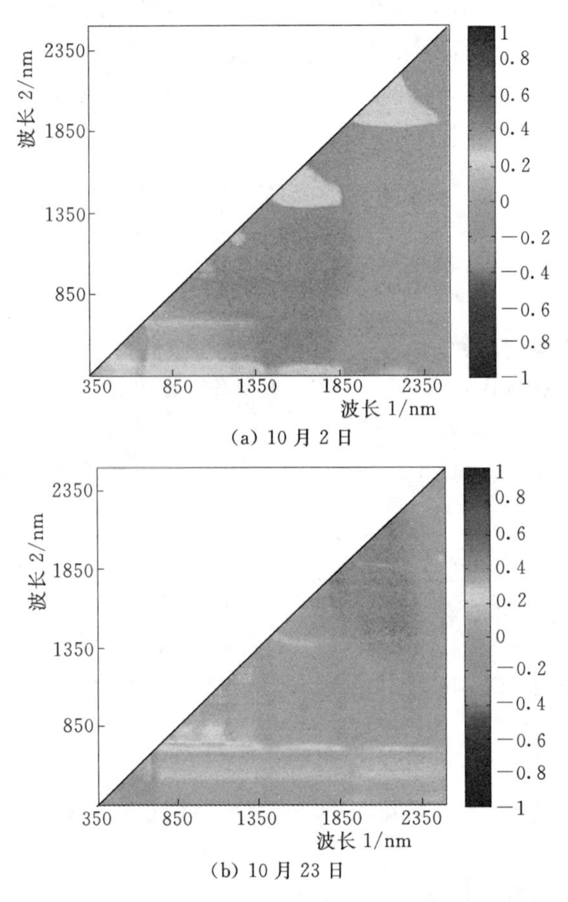

(a) 10 月 2 日

(b) 10 月 23 日

图 5-1-20 全波段 NDSI 相关系数矩阵

图 5-1-20 中的热点（Hot Spot）代表了更能解释因变量的波段组合。通过在热点区域选取敏感波段组合建立回归方程，可以获得更准确的预测效果。

5.1.3.4 使用 PLSR 反演叶片氮

偏最小二乘回归（Partial Least Squares Regression,

PLSR)，是一种新型的多变量回归算法。传统的多元回归算法在处理变量间存在多重相关性时往往出现预测效果差等问题。主成分回归（Principal Component Regression，PCR）在提取成分时只考虑了自变量的方差，而PLSR提取主成分时既考虑了自变量的方差，又考虑了因变量的方差，因此使用PLSR的回归结果往往要比PCR的结果要好。

此处使用全波段在MATLAB中建立PLSR模型。建立PLSR模型的关键是选择最合适的主成分数 n，如果选择不当，将会造成模型拟合效果差或者过度拟合现象，如图5-1-21所示。

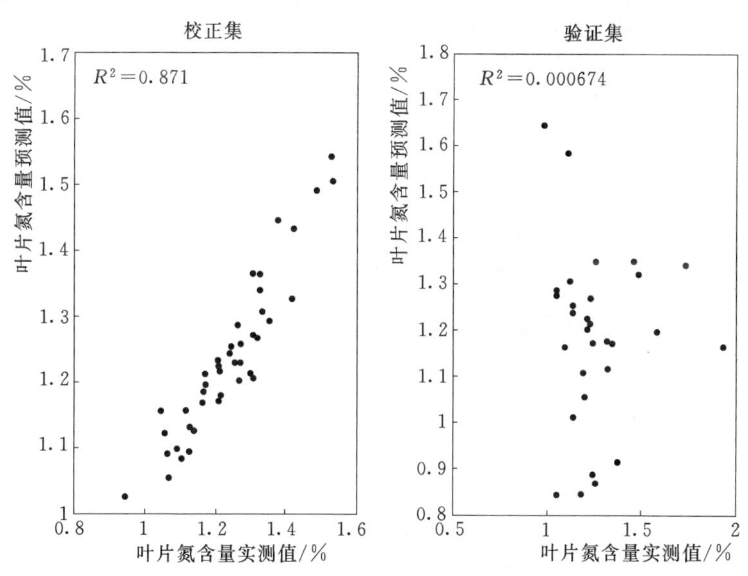

图5-1-21 PLSR过度拟合现象（10月2日，主成分 $n=15$）

过度拟合现象使得模型不具有预测能力，因此，通过逐一内部交叉验证法（leave one out cross validation）确定PLSR的主成分数。

设全部样本数为 n，逐一内部交叉验证法即每次使用 $n-1$ 个样本建模，预测剩下一个样本，n 次验证结束，可以计算逐一交叉验证均方根误差随主成分数的变化曲线，如图 5-1-22 所示。交叉验证系数 Q^2 是判断增加一个主成分是否对预测模型有效的参数，当 $Q^2>0.0975$ 时增加的成分对模型有益。由图 5-1-22 和图 5-1-23 可知，任何主成分的增加都不能提高模型的预测

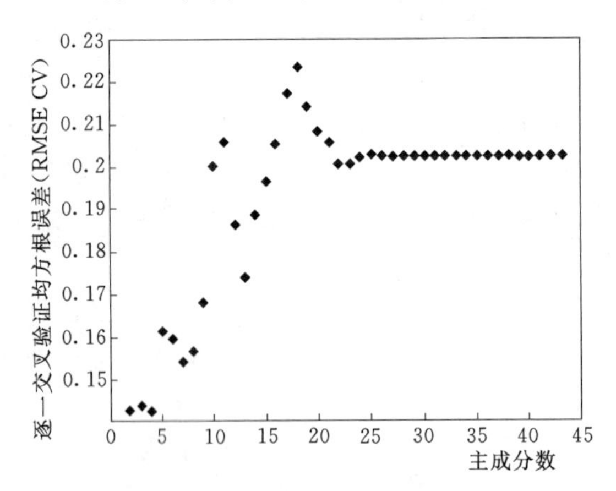

图 5-1-22　逐一交叉验证均方根误差随主成分数的变化（10 月 2 日）

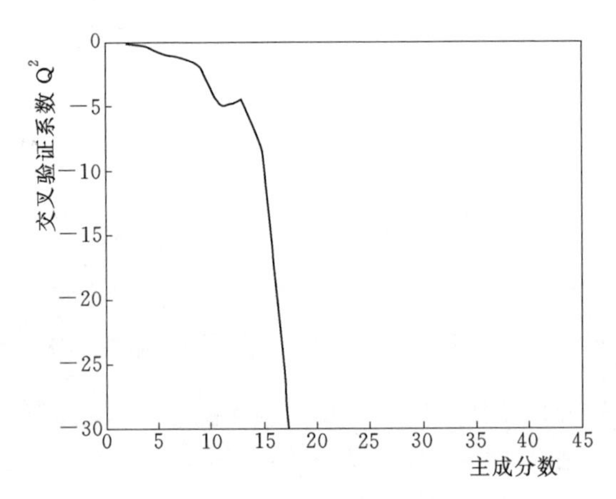

图 5-1-23　交叉验证系数 Q^2 随主成分数的变化（10 月 2 日）

能力。当主成分 $n=1$，10 月 2 日数据校准集和验证集均不能通过显著性检验。这可能是由于实验区积肥过于严重或者施加基肥过多导致各实验小区间的叶片氮含量差异性没有体现出来，再加上实验误差，使得单时域下全部实验小区氮反演结果较差。因此，在后续的实验中，我们将改进实验方案继续研究这一问题。

5.2 基于作物模型的水分胁迫下甘蔗生长过程

5.2.1 作物模型

为研究在水分胁迫下的甘蔗生长过程，试验站 39 个田块（2016 年）以及 28 个田块（2017 年）用来进行模拟。选择的 67 个田块施肥充足，不受养分胁迫影响，主要受水分胁迫影响。表 5-2-1 展示了选择田块的统计结果。

表 5-2-1　　选择田块的统计参数

年份	田块数	平均产量/(t/hm²)	产量标准差/(t/hm²)	偏差/%
2016 年	39	82.85	9.91	11.96
2017 年	28	89.84	6.42	7.15
2016—2017 年	67	85.77	9.24	10.77

采用 SWAP-WOFOST-Sugarcane 作物生长模型模拟甘蔗生长。SWAP 模型为一维农业水文模型，可以模拟作物生长、土壤水分运动、溶质运移及土温变化等物理过程，在农业生产中得到广泛应用。

土壤水分模拟采用一维 Richards 方程：

$$C(h)\frac{\partial h}{\partial t}=\frac{\partial}{\partial z}\left[K(h)\left(\frac{\partial h}{\partial z}+1\right)\right]-S(h) \tag{5-2}$$

式中：$C(h)$ 为土壤容水率，cm^{-1}；h 为土壤负压，cm；z 为垂向坐标，cm，以向上为正；$K(h)$ 为非饱和土壤渗透系数，cm/d；t 为时间，d；$S(h)$ 为根系吸水率，d^{-1}。

采用 van Genuchten 方程描述土壤水分与负压之间的关系，

采用 Mualem 方程计算非饱和土壤渗透系数：

$$S_e(h)=\frac{\theta(h)-\theta_r}{\theta_s-\theta_r}=\frac{1}{(1+|\alpha h|^n)^{1-1/n}} \quad (5-3)$$

$$K(h)=K_s S_e^{\lambda}[1-(1-S_e^{n/n-1})^{1-1/n}]^2 \quad (5-4)$$

式中：S_e 为饱和度；θ 为土壤含水率；θ_s、θ_r 为饱和与残余含水率，cm^3/cm^3；K_s 为土壤饱和渗透系数，cm/d；$\alpha(cm^{-1})$、n 为形状参数；λ 为气孔联通度系数，取值 0.5。

本研究中土壤厚度为 100cm。

采用 Feddes 等（1978）描述作物土壤水分胁迫（RWUSI），根系吸水（S_0，mm）公式为

$$S_0=\text{RWUSI}\cdot T_p \quad (5-5)$$

式中：T_p 为基于 Penman - Monteith 公式与作物系数计算的作物蒸腾量。

本研究中采用的作物模型的参数见表 5-2-2。

表 5-2-2　　采用的作物模型的参数

参数	定　义	值
TSUMEA	Sum termperature from emergence to anthesis(℃ d)	5681
DTSMTB0	Increase in the temperature sum(℃, T=0 ℃)	0
DTSMTB10	Increase in the temperature sum(℃, T=10 ℃)	0
DTSMTB35	Increase in the temperature sum(℃, T=35 ℃)	25
DTSMTB45	Increase in the temperature sum(℃, T=45 ℃)	25
TDWI	Initial total crop dry matter(kg/hm^2)	30
LAIEM	Leaf area index at emergence(m^2/m^2)	0.01
RGRLAI	Maximum relative increase in LAI($m^2/m^2/d$)	0.05
SPAN	Leaf span of leaves under 35℃(d)	90
TBASE	Lower threshold temperature for ageing of leaves(℃)	10
SLATB0	Specific leaf area(hm^2/kg, Ds=0)	0.0009
SLATB0.21	Specific leaf area(hm^2/kg, Ds=0.21)	0.0019
SLATB0.29	Specific leaf area(hm^2/kg, Ds=0.29)	0.0012

续表

参数	定　义	值
SLATB0.64	Specific leaf area(hm^2/kg, Ds=0.64)	0.0012
SLATB0.95	Specific leaf area(hm^2/kg, Ds=0.95)	0.001
SLATB1.0	Specific leaf area(hm^2/kg, Ds=1.0)	0.001
EFF	Light use efficiency for real leaf(kg CO_2/J absorbed)	0.65
AMAXTB0	Maxmum CO_2 assimilation rate(kg/hm^2/h, Ds=0)	80
AMAXTB0.14	Maxmum CO_2 assimilation rate(kg/hm^2/h, Ds=0.14)	80
AMAXTB0.82	Maxmum CO_2 assimilation rate(kg/hm^2/h, Ds=0.82)	55
AMAXTB1.0	Maxmum CO_2 assimilation rate(kg/hm^2/h, Ds=1.0)	40
TMPFTB0	Reduction factor of AMAX(−, T=0℃)	0
TMPFTB8	Reduction factor of AMAX(−, T=8℃)	0.8
TMPFTB10	Reduction factor of AMAX(−, T=10℃)	1
TMPFTB35	Reduction factor of AMAX(−, T=35℃)	1
TMPFTB45	Reduction factor of AMAX(−, T=45℃)	0
CVL	Efficiency of conversion into leaves(kg/kg)	0.75
CVR	Efficiency of conversion into roots(kg/kg)	0.75
CVS	Efficiency of conversion into stems(kg/kg)	0.8
Q10	Relative increase in respiration rate per 10℃ increase	2
RML	Relative maintenance respiration rate of leaves(kgCH_2O/kg/d)	0.03
RMR	Relative maintenance respiration rate of roots(kgCH_2O/kg/d)	0.01
RMS	Relative maintenance respiration rate of stems(kgCH_2O/kg/d)	0.003
RFSETB0	Reduction factor of senescence(−, Ds=0)	1
RFSETB1	Reduction factor of senescence(−, Ds=1)	1
FRTB0	Fraction of total dry matter to the roots(−, Ds=0)	0.4
FRTB0.03	Fraction of total dry matter to the roots(−, Ds=0.03)	0.35
FRTB0.15	Fraction of total dry matter to the roots(−, Ds=0.15)	0.25
FRTB0.23	Fraction of total dry matter to the roots(−, Ds=0.23)	0.2

续表

参数	定 义	值
FRTB0.48	Fraction of total dry matter to the roots(—,Ds=0.48)	0.1
FRTB1	Fraction of total dry matter to the roots(—,Ds=1)	0.06
FLTB0	Fraction of aboveground dry matter to the leaves(—,Ds=0)	1
FLTB0.03	Fraction of aboveground dry matter to the leaves(—,Ds=0.03)	0.48
FLTB0.07	Fraction of aboveground dry matter to the leaves(—,Ds=0.07)	0.32
FLTB0.14	Fraction of aboveground dry matter to the leaves(—,Ds=0.14)	0.23
FLTB0.23	Fraction of aboveground dry matter to the leaves(—,Ds=0.23)	0.2
FLTB0.29	Fraction of aboveground dry matter to the leaves(—,Ds=0.29)	0.19
FLTB0.36	Fraction of aboveground dry matter to the leaves(—,Ds=0.36)	0.18
FLTB1	Fraction of aboveground dry matter to the leaves(—,Ds=1)	0.18
FSTB0	Fraction of aboveground dry matter to the stems(—,Ds=0)	0
FSTB0.03	Fraction of aboveground dry matter to the stems(—,Ds=0.03)	0.52
FSTB0.07	Fraction of aboveground dry matter to the stems(—,Ds=0.07)	0.68
FSTB0.14	Fraction of aboveground dry matter to the stems(—,Ds=0.14)	0.77
FSTB0.23	Fraction of aboveground dry matter to the stems(—,Ds=0.23)	0.8
FSTB0.29	Fraction of aboveground dry matter to the stems(—,Ds=0.29)	0.81
FSTB0.36	Fraction of aboveground dry matter to the stems(—,Ds=0.36)	0.82
FSTB1	Fraction of aboveground dry matter to the stems(—,Ds=1)	0.82
COFAB	Interception coefficient(cm)	0.25
RDCTB0	Relative root density(—,RD=0)	1
RDCTB1	Relative root density(—,RD=1)	1
RDI	Initial rooting depth(cm)	10
RRI	Maximum daily increase in rooting depth(cm/d)	1.2
RDC	Maximum rooting depth crop/cultivar(cm)	80

5.2.2 数据融合方法

本研究比较了三种不同的数据融合方法：Forcing,

Calibration 和 EnKF 方法。三种方法的介绍如下：

5.2.2.1 Forcing 方法

Forcing 方法主要是在有观测的时候替换模拟值，后续模拟紧接着观测值往后模拟：

$$x_m^{t+1}=M(u,p,x_{obs}^t) \tag{5-6}$$

式中：M 为 SWAP - WOFOST - Sugarcane 作物模型；x_{obs}^t 为 t 时刻观测的土壤水分或者 LAI；x_m^{t+1} 为 $t+1$ 时刻模拟的土壤水分和 LAI；u 为气象输入数据；p 为参数向量。

Forcing 方法具有容易实现而且计算速度快的优势，但是在模拟过程中模型参数不能调整。

5.2.2.2 Calibration 方法

Calibration 方法可不断调整模型初始条件使模型模拟值与观测值的差距最小：

$$J=\mathrm{Min}\left[\sum_{n=1}^{N_1}(\mathrm{LAI}_{obs}^n-\mathrm{LAI}_m^n)^2+\sum_{n=1}^{N_2}\sum_{d=1}^{6}(\mathrm{SWC}_{obs,d}^n-\mathrm{SWC}_{m,d}^n)^2\right] \tag{5-7}$$

式中：N_1 为 LAI 的观测次数；N_2 为土壤水分观测的次数；$d=1$，2，3，4，5 和 6 代表 10，20，30，40，60 和 80cm 不同深度。

Calibration 方法使用很广，但是计算量大，同时如果观测数据不足，参数将得不到良好的调整。与此同时，因为在 2016 年甘蔗有刮叶农艺措施，但是模型不能考虑此措施，因此 Calibration 方法不能良好地反映刮叶和暴风等影响。

5.2.2.3 EnKF 方法

EnKF 是一种常用的顺序性数据融合方法，是 KF 的变体，采用多样本的方法处理非线性问题。如下是实现 EnKF 方法的步骤：

$$\boldsymbol{X}_m^{t+1}=M(u,p,\boldsymbol{X}_a^t) \tag{5-8}$$

式中：$\boldsymbol{X}_m^{t+1}$ 为预测值的样本集合，$\boldsymbol{X}_m^{t+1}=[x_{m,1}^{t+1},x_{m,2}^{t+1},\cdots,x_{m,N}^{t+1}]$；$\boldsymbol{X}_a^t$ 为更新后的状态集合；M 为样本量，本研究中采用 100。

$$X_a^t = X_m^t + K(Y^t - HX_m^t) \tag{5-9}$$

式中：K 为 Kalman 增益；H 为观测与状态之间的转换函数；Y_t 为观测值。

$$K = P_m^t H^T (HP_m^t H^T + R^t)^{-1} \tag{5-10}$$

式中：P_m^t 为状态方差；R^t 为观测方差。

EnKF 方法可以同时更新模型参数和状态，同时顺序性的融合方法可以一定程度上考虑刮叶和暴风的影响。

5.2.2.4 评价方法

采用均方根误差（$RMSE$）、误差归一化指标（Ry）评价三种方法产量模拟精度好坏，同时还要比较拟合系数的斜率和决定系数（R^2）来评价空间一致性。

$$RMSE = \sqrt{\frac{\sum_{n=1}^{N}(EY_n - OY_n)^2}{N-1}} \tag{5-11}$$

$$Ry = \frac{RMSE}{Y_A} \tag{5-12}$$

$$Y_A = \frac{\sum_{n=1}^{N} OY_n}{N} \tag{5-13}$$

式中：$N=67$；EY_n 为第 n 个田块的预测值；OY_n 为第 n 个田块的观测值。

5.2.3 结果分析

5.2.3.1 产量预测比较

图 5-2-1 及图 5-2-2 首先展示了不同方法下土壤水分及 LAI 模拟效果图。由图可知，Forcing 方法模拟土壤水分时因未更新土壤参数而出现明显的跳跃，模拟效果不可靠，LAI 可以一定程度上考虑台风和刮叶的影响，但是未能考虑 LAI 观测值的误差。Calibration 方法模拟土壤水分与 EnKF 方法类似但更加连续，但是 LAI 模拟中不能考虑刮叶和台风等影响，所以 LAI 模拟明显有误。EnKF 方法相对于前两种方法不仅能良好地模拟土壤水分，同时可以考虑刮叶及台风影响，能良好地模拟 LAI 的变化过程。

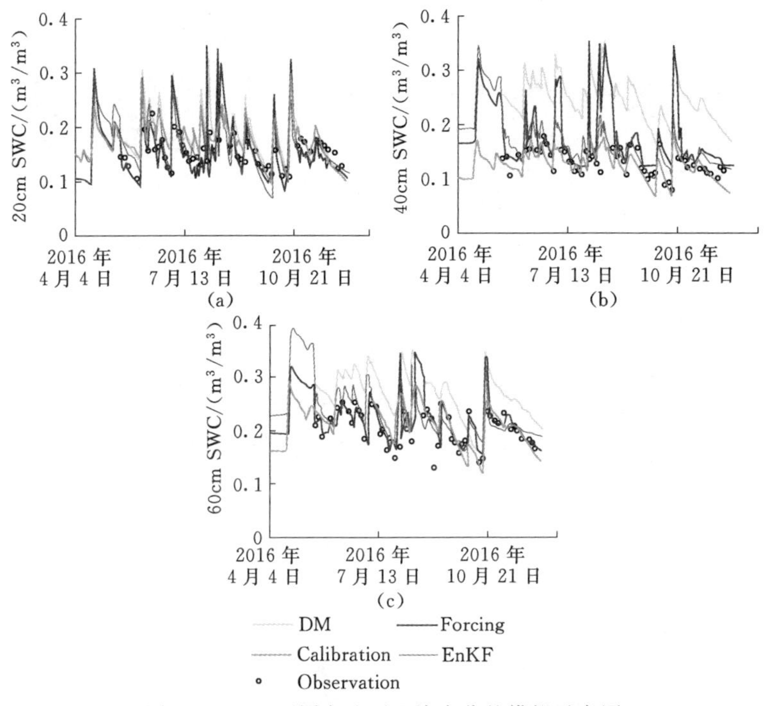

图5-2-1 不同方法下土壤水分的模拟示意图

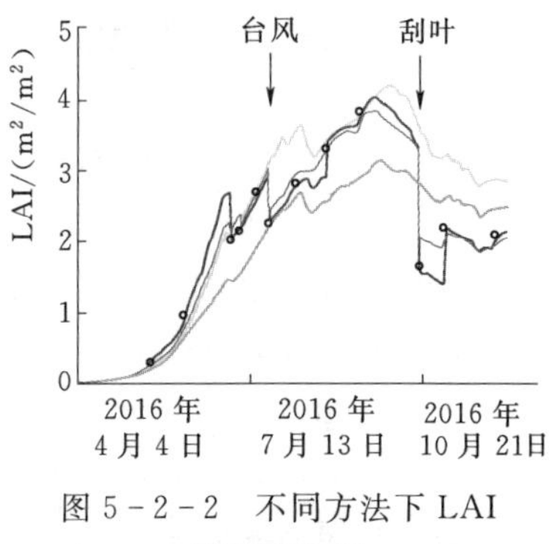

图5-2-2 不同方法下LAI模拟变化图

图5-2-3是不同方法模拟的甘蔗产量，由图可知EnKF方法的*RMSE*及*Ry*最小，表明EnKF方法取得的精度最高，Forcing方法次之，但是Forcing方法的斜率最接近1，即使R^2较低说明其能良好地反映甘蔗产量的空间变异性。虽然Calibration方法较确定性模型有较高的提高，但是R^2低说明其不能良好地反映甘蔗产量的空间变异性，原因是Calibration方法不能良好地模拟LAI的变化过程。

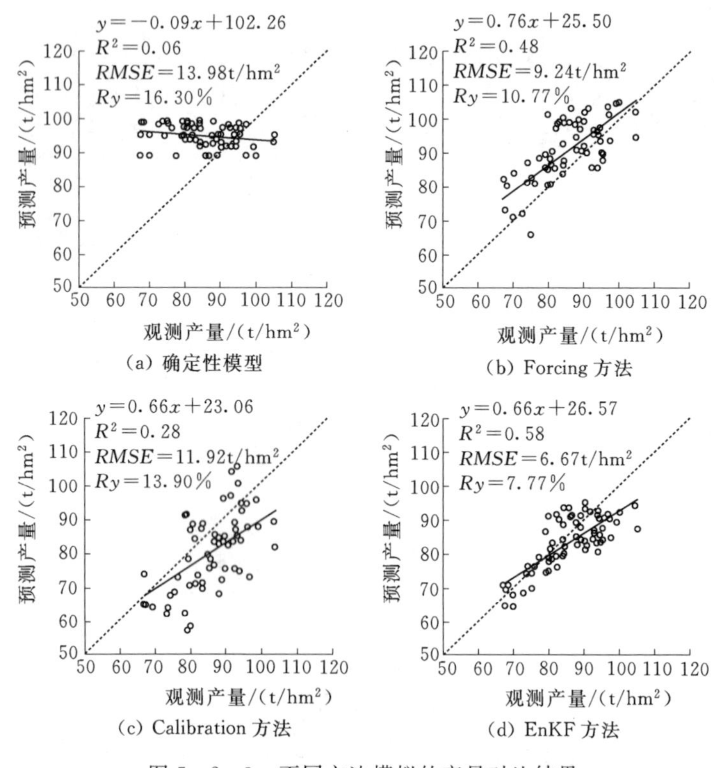

(a) 确定性模型

(b) Forcing 方法

(c) Calibration 方法

(d) EnKF 方法

图 5-2-3 不同方法模拟的产量对比结果

5.2.3.2 水分胁迫对干物质形成的影响

图 5-2-4 展示了观测的土壤水分以及 EnKF 方法模拟的土壤水分变化过程，由图可知 EnKF 方法能良好地反映田块之间的差别，准确模拟土壤水分的变化过程。因此，后续以 EnKF 方法模拟的水分胁迫数据分析水分胁迫对甘蔗生长的影响。

图 5-2-5 展示了日降雨及 EnKF 方法模拟的水分胁迫及日干物质量变化过程。由图可知，田块之间的水分胁迫差异明显，田块之间甘蔗日干物质量的差异亦显著，说明甘蔗生长深受水分胁迫影响。但是值得注意的是，不仅仅是因少雨的干旱导致甘蔗生长受缓，同时当土壤水分较高时，因根系得不到良好呼吸也受

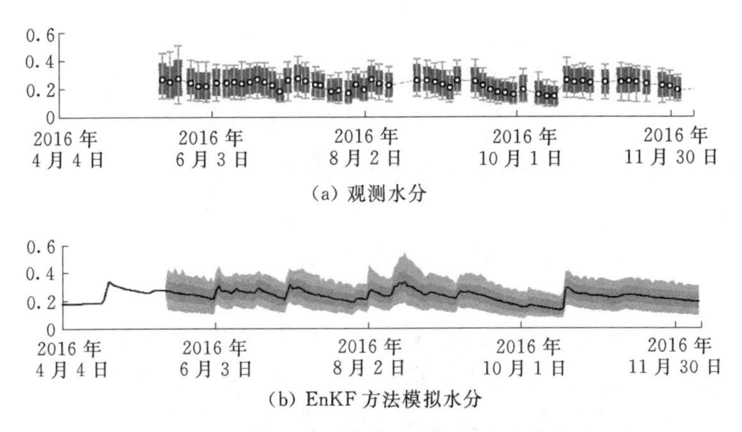

图 5-2-4 EnKF 方法模拟的土壤水分变化过程

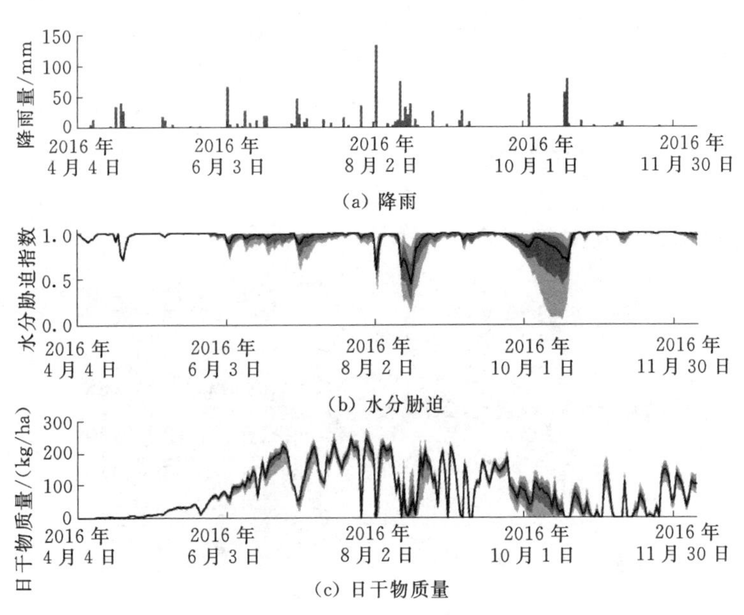

图 5-2-5 降雨、水分胁迫及日干物质量的变化

到明显的水分胁迫，导致甘蔗生长受阻。因此，在广西，因其明显的季风性气候，渍害和旱灾并存，这不仅仅提出了灌溉的要求，同时排水也是一项重要的工程任务。

5.3 糖料蔗水分胁迫效应

5.3.1 不同灌溉决策下甘蔗产量与灌水量比较

土壤参数及气象参数来自位于广西壮族自治区崇左市驮逐村的广西水利科学研究驮逐试验基地（22.52°N，107.39°E，见图5-3-1）。研究区为热带季风性气候，年平均降雨量为1261mm，平均气温为22.0℃，年内降雨不均，大部分降雨集中在夏季，其他季节降雨少。研究区内有一气象站，用于监测太阳辐射、气温、湿度、风速及降雨等数据，监测频率为每30min一次。日最小、最大、平均气象数据可以通过日连续观测数据计算。实验区内甘蔗出苗至收获时间为2016年4月4日至2016年12月9日。图5-3-2展示了甘蔗生长期内的降雨和太阳辐射情况，总降雨量为1224.2mm，日平均降雨为4.9mm，日降雨标准差为14.2mm，变异系数为2.91。较大的变异系数值说明年内降雨不均，由图可知，夏季降雨明显，而后期降雨稀少，有连续未降雨情况发生。

图5-3-1 试验站俯视图

甘蔗水分胁迫采用Feddes等（1978）的模型进行模拟，水分胁迫与土壤负压的关系见图5-3-3，图中水分胁迫指数越大代表甘蔗受到的水分胁迫越弱，当指数等于1时，甘蔗未遭受胁迫，当指数等于0时，甘蔗遭受最大水分胁迫，无生物量合成。

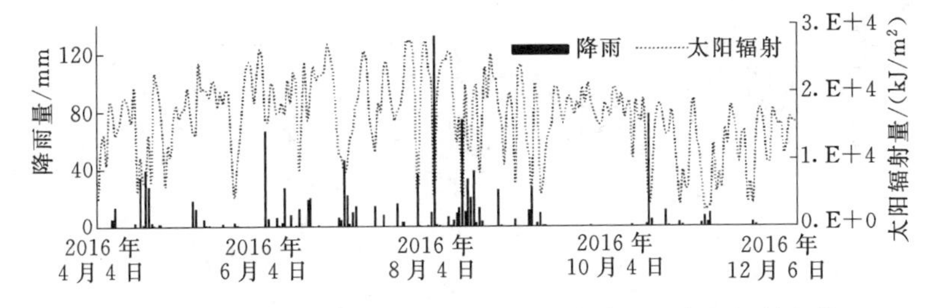

图 5-3-2 试验站 2016 年甘蔗生长期内降雨及太阳辐射变化

当土壤干燥时，甘蔗因缺水而受到胁迫，当土壤过湿时，甘蔗因根部缺氧而受到胁迫。

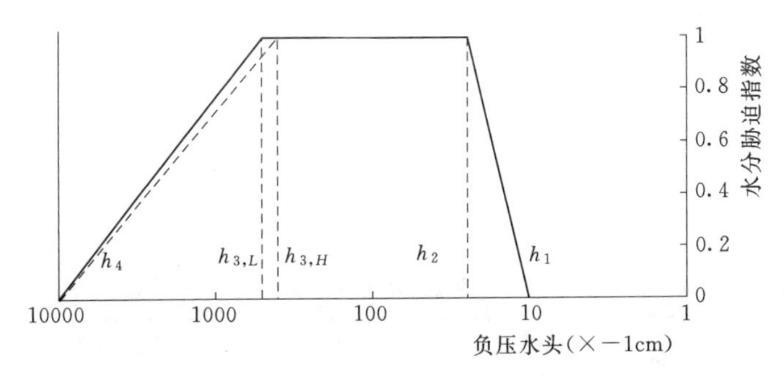

图 5-3-3 Feddes 等（1978）水分胁迫模型

5.3.2 无灌溉时根系区土壤水分、水分胁迫及产量

采用 SWAP-WOFOST-Sugarcane 模型，考虑无灌溉信息时，模拟的产量为 3.79t/亩，产量较低。图 5-3-4 展示了模拟的根系区土壤水分含量和水分胁迫指数，由图可知：因降雨不均，在降雨较多的夏季，因为土壤过湿，根系区氧气供应不足，甘蔗根系吸水收到抑制，但是相对于因无降雨导致的水分胁迫而言，土壤过湿对甘蔗生长的影响较小。由图可知，干旱导致了严重的水分胁迫，而且因土壤质地原因，当水分减少时，负压降低的速度快，胁迫明显。干旱严重影响甘蔗的产量，需要采取及时的灌溉措施以减少干旱的影响。

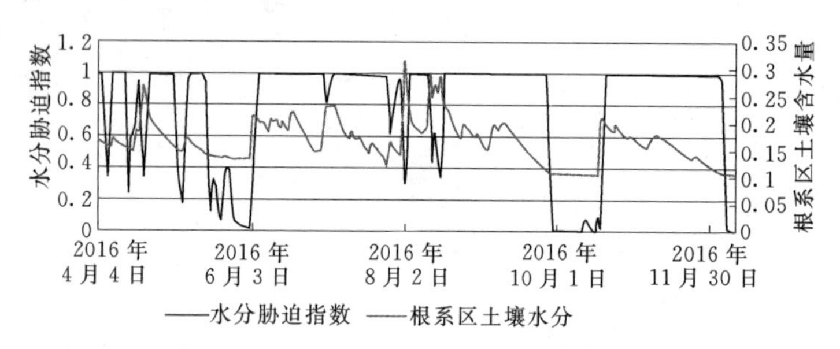

图 5-3-4 根系区土壤含水量和水分胁迫指数

5.3.3 不同灌溉条件下土壤水分、水分胁迫及产量

SWAP-WOFOST-Sugarcane 模型可以设定不同的灌溉标准：相邻两次灌溉的最小间隔时间、单次灌溉量范围、发生灌溉信号等。考虑到如果单次灌水量较小时可能会发生多次无价值的灌溉，本研究将单次灌水量设定为 5m^3/亩，同时考虑到实际情况，最大单次灌水量设定为 50m^3/亩。表 5-3-1 显示了示例的灌溉标准。

表 5-3-1　示例的灌溉标准

灌溉标准	发生灌溉信号（水分胁迫指数）	最小间隔时间/d	单次灌水量范围/(m^3/亩)
示例 1	<0.50	>5	5～50
示例 2	<0.50	>10	5～50
示例 3	<0.50	>15	5～50
示例 4	<0.50	>30	5～50
示例 5	<0.50	>60	5～50
示例 6	<0.70	>5	5～50
示例 7	<0.70	>10	5～50
示例 8	<0.70	>15	5～50
示例 9	<0.70	>30	5～50
示例 10	<0.70	>60	5～50
示例 11	<0.90	>5	5～50
示例 12	<0.90	>10	5～50

续表

灌溉标准	发生灌溉信号（水分胁迫指数）	最小间隔时间/d	单次灌水量范围/(m^3/亩)
示例 13	<0.90	>15	5～50
示例 14	<0.90	>30	5～50
示例 15	<0.90	>60	5～50

表 5-3-2 列出了每个示例的灌溉总量、次数及产量，图 5-3-5展示了模拟的各示例水分胁迫指数。由表 5-3-2 可知，在有灌溉的条件下，各示例的产量相对于无灌溉结果均有提高，但是 2 个月一次的灌溉间隔要求提高产量并不明显。而且当设定的发生灌溉的信息太高且相邻两次灌溉时间太近时，虽然可以减轻水分胁迫，但是对产量的提高并不明显，反而会增加灌溉次数。

表 5-3-2　各示例灌溉总量、次数及产量

灌溉标准	灌溉总量/(m^3/亩)	灌水次数	产量/(吨/亩)
示例 1	111.7	8	7.43
示例 2	89.5	6	7.36
示例 3	65.9	4	6.72
示例 4	32.0	2	6.13
示例 5	35.1	2	5.71
示例 6	116.9	10	7.48
示例 7	95.4	8	7.38
示例 8	76.9	6	6.71
示例 9	37.0	3	6.16
示例 10	35.1	2	5.71
示例 11	151.3	13	7.59
示例 12	116.7	8	7.35
示例 13	84.8	6	6.68
示例 14	46.4	3	6.13
示例 15	33.1	2	5.67

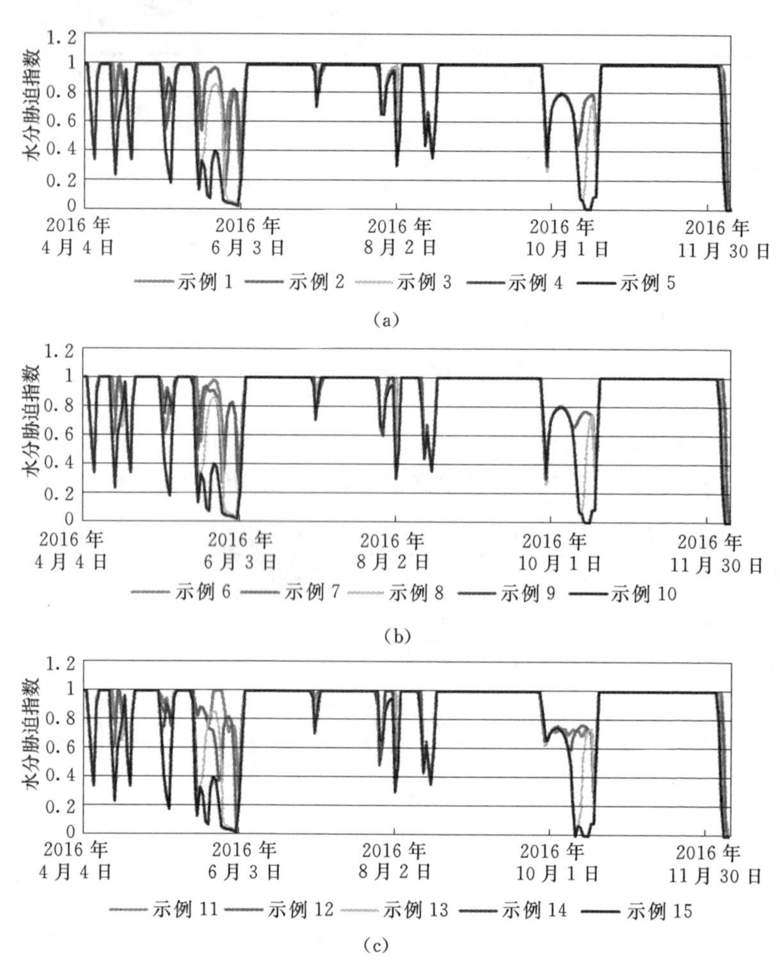

图 5-3-5 各示例的水分胁迫指数

5.3.4 最优灌溉制度选择

为进一步探讨最优的灌溉决策，在本节中展开了更多的示例对比，结果见表 5-3-3。表中，“0.45-05-5-50”代表该示例的灌溉发生信号是：水分胁迫指数＜0.45，相邻两次灌溉的最小间隔时间是＞5d，单次灌水量范围是 5～50m^3/亩。

表 5-3-3 不同灌溉制度下的模拟结果

示例	总灌水量/(m^3/亩)	灌水次数	产量/(吨/亩)
无灌溉	0	0	5.31
0.45-05-5-50	90.5	6	7.41
0.45-10-5-50	90.5	6	7.36
0.45-15-5-50	68.5	4	6.89
0.45-30-5-50	32.6	2	6.19
0.45-60-5-50	35.1	2	5.71
0.50-05-5-50	111.7	8	7.43
0.50-10-5-50	89.5	6	7.36
0.50-15-5-50	65.9	4	6.72
0.50-30-5-50	32.0	2	6.13
0.50-60-5-50	35.1	2	5.71
0.55-05-5-50	116.7	9	7.45
0.55-10-5-50	89.5	6	7.36
0.55-15-5-50	65.9	4	6.72
0.55-30-5-50	32.0	2	6.13
0.55-60-5-50	35.1	2	5.71
0.60-05-5-50	116.7	9	7.45
0.60-10-5-50	89.5	6	7.36
0.60-15-5-50	65.9	4	6.72
0.60-30-5-50	32.0	2	6.13
0.60-60-5-50	35.1	2	5.71
0.65-05-5-50	113.5	9	7.46
0.65-10-5-50	87.0	6	7.32
0.65-15-5-50	76.9	6	6.71
0.65-30-5-50	37.0	3	6.16
0.65-60-5-50	35.1	2	5.71
0.70-05-5-50	116.9	10	7.48
0.70-10-5-50	95.4	8	7.38

续表

示例	总灌水量/(m^3/亩)	灌水次数	产量/(吨/亩)
0.70－15－5－50	76.9	6	6.71
0.70－30－5－50	37.0	3	6.16
0.70－60－5－50	35.1	2	5.71
0.75－05－5－50	127.4	11	7.48
0.75－10－5－50	95.4	8	7.38
0.75－15－5－50	76.9	6	6.71
0.75－30－5－50	37.0	3	6.16
0.75－60－5－50	35.1	2	5.71
0.80－05－5－50	125.9	12	7.49
0.80－10－5－50	95.4	8	7.38
0.80－15－5－50	87.7	6	6.73
0.80－30－5－50	48.3	3	6.20
0.80－60－5－50	35.1	2	5.71
0.85－05－5－50	142.1	13	7.62
0.85－10－5－50	118.4	8	7.36
0.85－15－5－50	84.8	6	6.68
0.85－30－5－50	46.4	3	6.13
0.85－60－5－50	35.1	2	5.71
0.90－05－5－50	151.3	13	7.59
0.90－10－5－50	116.7	8	7.35
0.90－15－5－50	84.8	6	6.68
0.90－30－5－50	46.4	3	6.13
0.90－60－5－50	33.1	2	5.67
0.95－05－5－50	151.3	13	7.59
0.95－10－5－50	116.7	8	7.35
0.95－15－5－50	98.1	7	6.71
0.95－30－5－50	56.7	4	6.02
0.95－60－5－50	39.3	3	5.38

由表 5－3－3，绘制灌水量与产量、灌水次数之间的关系曲线，如图 5－3－6 所示。结合表 5－3－3 和图 5－3－6 可知，灌水量的增加，产量亦增加，灌水次数同样也增加。但是灌水量超过 90m³/亩时，产量增加不明显，但是增加显著。表明在灌水量超过 90m³/亩时，增加灌水次数和灌水量价值不大，而这样的结果是由于间隔时间过短（5d）和灌溉发生标准过高，因此不能采用较高的灌溉发生标准和过短的间隔时间。

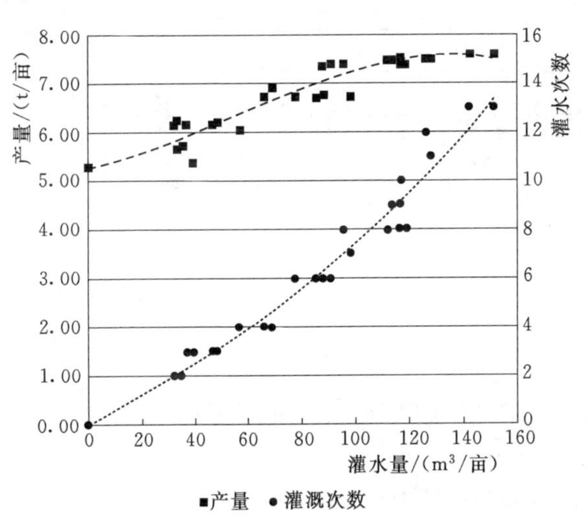

图 5－3－6 灌水次数、产量与灌水量之间的关系图

表 5－3－4 列出了总灌溉量在 90m³/亩左右时的示例及模拟结果。由表可知，总灌溉量在 90m³/亩左右时能获得的最大产量为 7.38t/亩，灌水量 95.4m³/亩，灌水次数为 8 次。但是示例“0.50－10－5－50”“0.55－10－5－50”“0.60－10－5－50”和“0.65－10－5－50”获得的产量与最大产量十分接近，为 7.32～7.36t/亩，且灌水次数只有 6 次，灌水量减少了 5.9～8.4m³/亩。因此从实际考虑出发，针对本研究区，可以考虑将灌溉发生标准设定在：水分胁迫指数为 0.50～0.65，相邻两次灌溉的最小间隔时间设定为 10d，可实现产量为 7.32～7.36t/亩。这样，

既节省了灌水量又实现高产。

表 5-3-4 总灌溉量在 90m³/亩左右时的示例及模拟结果

示例	总灌水量/(m³/亩)	灌水次数	产量/(t/亩)
0.45-10-5-50	90.5	6	7.36
0.50-10-5-50	89.5	6	7.36
0.55-10-5-50	89.5	6	7.36
0.60-10-5-50	89.5	6	7.36
0.65-10-5-50	87.0	6	7.32
0.70-10-5-50	95.4	8	7.38
0.75-10-5-50	95.4	8	7.38
0.80-10-5-50	95.4	8	7.38
0.80-15-5-50	87.7	6	6.73
0.85-15-5-50	84.8	6	6.68
0.90-15-5-50	84.8	6	6.68

5.4 基于高空遥感影像的糖料蔗产量估计

5.4.1 蔗区面积提取方法

提取甘蔗种植面积包含如下部分：①遥感时间序列数据；②训练数据下载；③遥感数据平滑处理；④面积提取；⑤利用验证数据评价提取结果。面积提取流程图见图 5-4-1。

提取广西甘蔗种植面积采用的数据为 MODIS NDVI 数据，时间分辨率为 16d，空间分辨率为 250m。数据下载时段为 2003 年 1 月 1 日至 2017 年 12 月 31 日，中间包含了广西 2004—2016 年的甘蔗 NDVI 植被指数数据。

5.4.2 蔗区面积成果

（1）训练数据。训练数据为崇左市的甘蔗种植分区图及 MODIS NDVI 数据。通过已知的甘蔗种植分布图及 NDVI 数据训练出两者之间的关系，进而应用到广西全区。

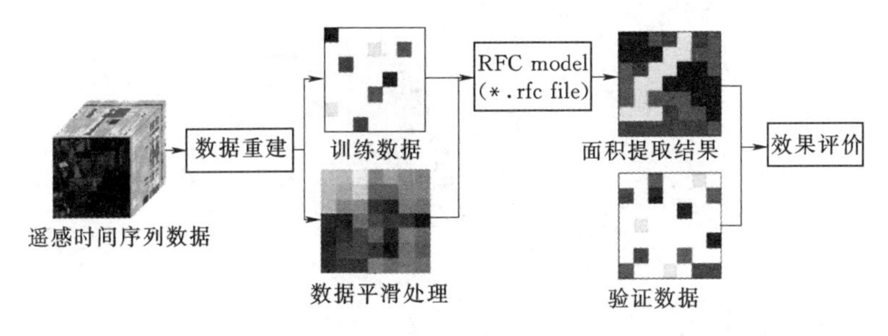

图 5-4-1 甘蔗种植面积提取流程图

(2) 遥感数据平滑处理。图 5-4-2 是遥感数据随时间变化的示意图，由图可知遥感数据噪声较大，需做平滑处理，本研究采用 S-G 滤波进行处理（见图 5-4-2 中粗实线），从而获得平滑的遥感数据以供使用。

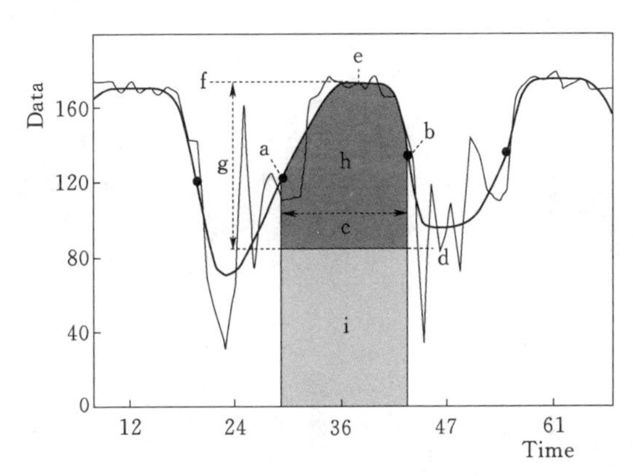

图 5-4-2 遥感数据随时间变化示意图

(3) 种植面积提取。获取平滑的遥感数据之后，根据甘蔗物候及光谱特征，将训练的模型应用到广西获取全区甘蔗种植面积。提取的甘蔗种植面积见图 5-4-3。

5.4.3 面积提取精度评价

面积提取精度评价包含两方面：①利用我国高分（GF）卫星遥感 RGB 数字影像图取样点（1124 个样点），评价精度；

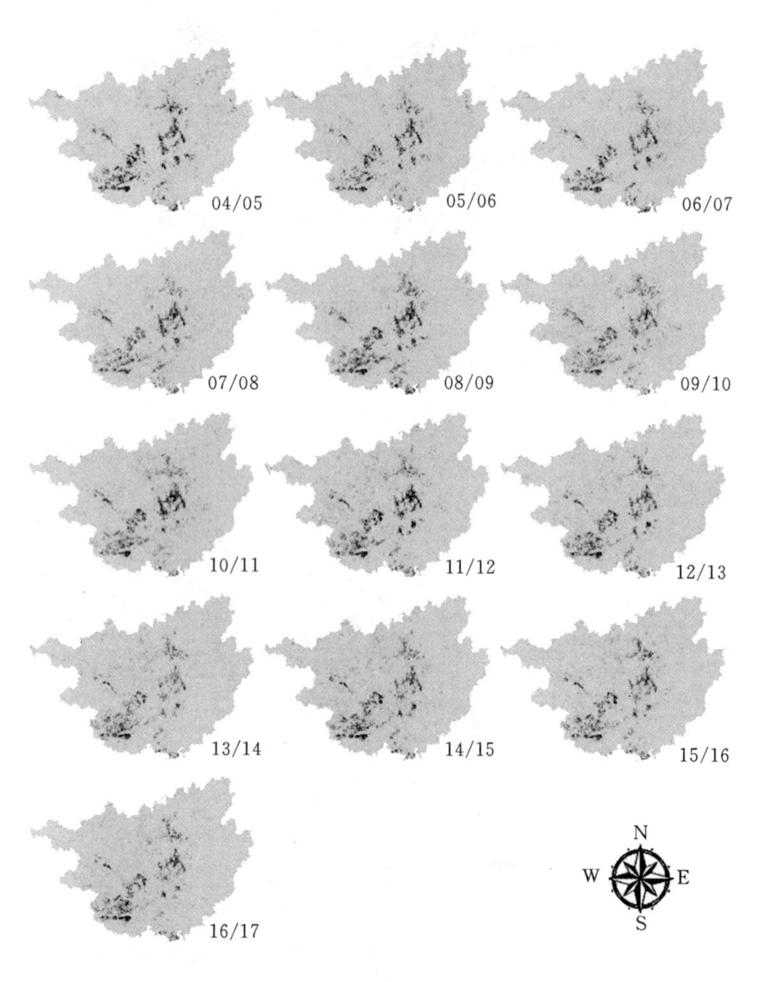

图 5－4－3 2016 年广西甘蔗种植面积提取结果

②利用各县年鉴统计数据评价县级种植面积提取精度。

(1) GF 卫星取样点精度。图 5－4－4 展示了样点精度，平均精度为 92.08%，精度高。同时 Kappa 统计参数为 0.815，进一步说明提取方法有效。

(2) 县级年鉴统计结果精度。图 5－4－5 展示了年鉴统计结

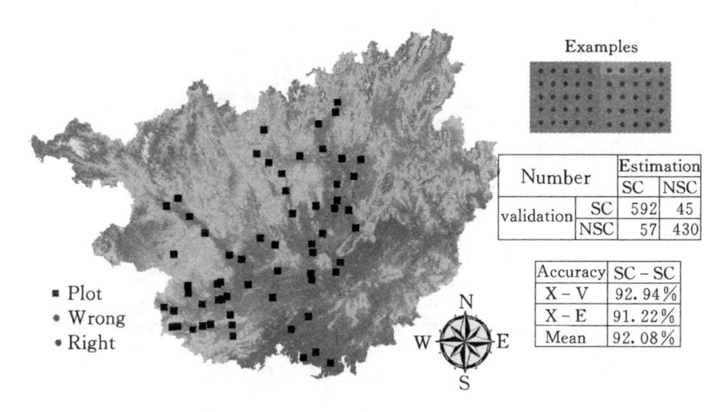

Number		Estimation	
		SC	NSC
validation	SC	592	45
	NSC	57	430

Accuracy	SC - SC
X - V	92.94%
X - E	91.22%
Mean	92.08%

图 5-4-4 GF RGB 影像样点精度

果精度，R^2 达到 0.94，斜率为 1.05，说明种植面积提取精度高。

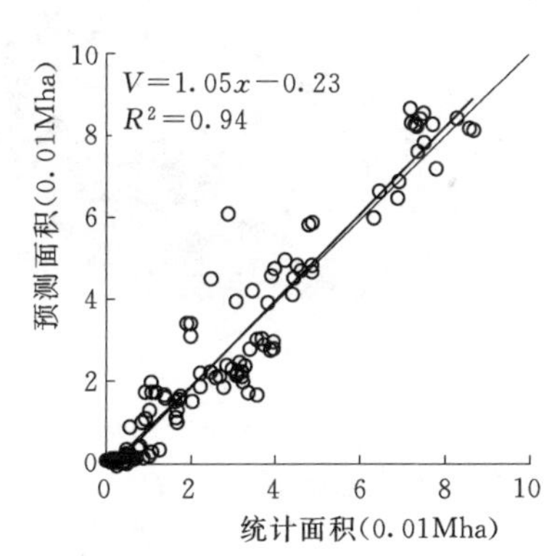

图 5-4-5 年鉴统计结果精度

5.4.4 基于高低空遥感影像的种植面积时空变化规律

5.4.4.1 种植面积空间规律

由图 5-4-6 可知，来宾、崇左及南宁是主要的甘蔗种植市。甘蔗主要种植在广西中部、西南部包括北部部分地区，而在广西西部、西北部、东部、东南部、东北部地区甘蔗的种植面积小。

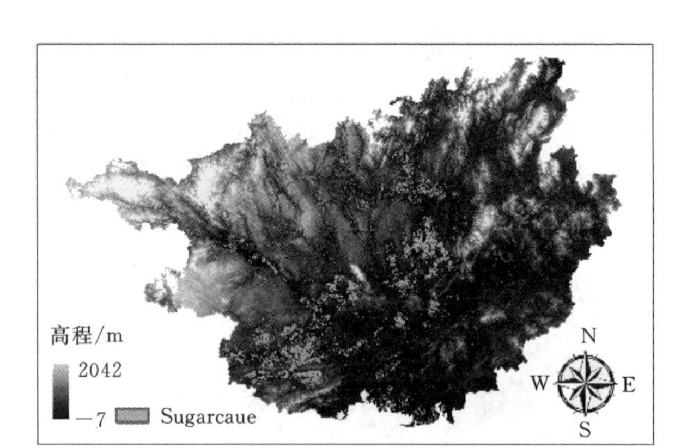

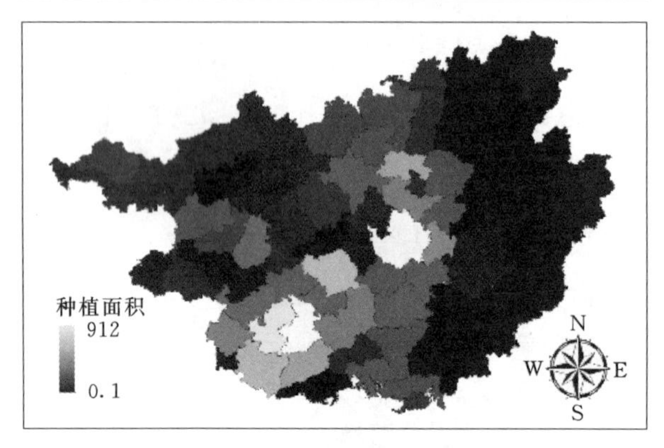

图 5-4-6　甘蔗空间分布示意图

图 5-4-7 展示了分段地面高程下的种植情况，由图可知约

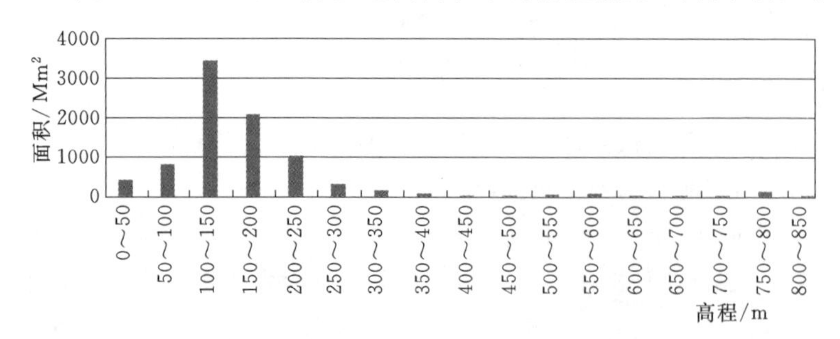

图 5-4-7　分段地面高程下的甘蔗种植面积

77.3%的甘蔗种植在地面高程 100～250m 内，约 14.3%的甘蔗种植区域低于 100m。在高海拔地区（>250m），因主要是崎岖的山区，不适宜作物种植，因此甘蔗的种植面积小。

5.4.4.2 种植面积时间变化规律

图 5-4-8 展示了广西全区甘蔗种植面积随时间的变化情况。由图可知，因“百万公顷”种植计划，从 2005 年起，全区种植面积逐渐提升。但因近年来低糖价和生产成本增加，从 2011 年开始，全区种植面积逐渐回落，为保障糖安全，应采取积极措施增加甘蔗的种植面积。

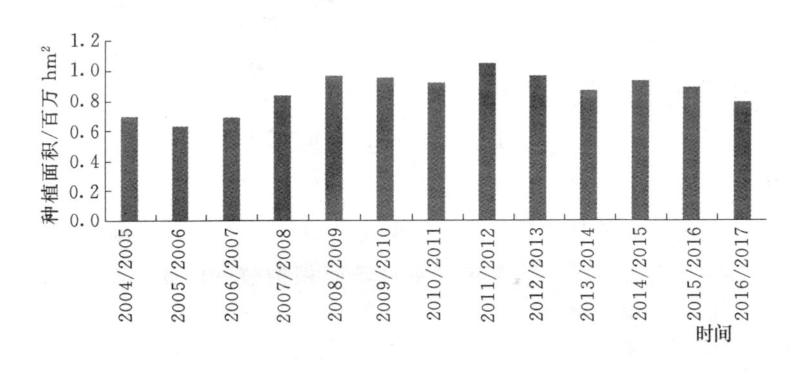

图 5-4-8 全区甘蔗种植面积随时间的变化

图 5-4-9 展示了各县在研究时段内种植面积的年平均增长情况。由图可知，在甘蔗主要种植区，种植面积呈现增长的趋势，在其他地区种植面积呈减小趋势。这符合集中发展甘蔗种植产业的需求，但是从总的种植面积来看，应保证在主种植区的种植面积增长以保障整个广西的糖生产安全。

5.4.5 基于高空遥感影像的糖料蔗产量估计

作物生长模型可以估计甘蔗产量，但是因其物理过程复杂，参数众多，同时需要众多的土壤、气象及生产管理数据，因此在区域应用上具有很大局限性，很难用来估计广西全区的甘蔗产量。传统的基于遥感数据的估产模型虽然提供了快速的产量估计

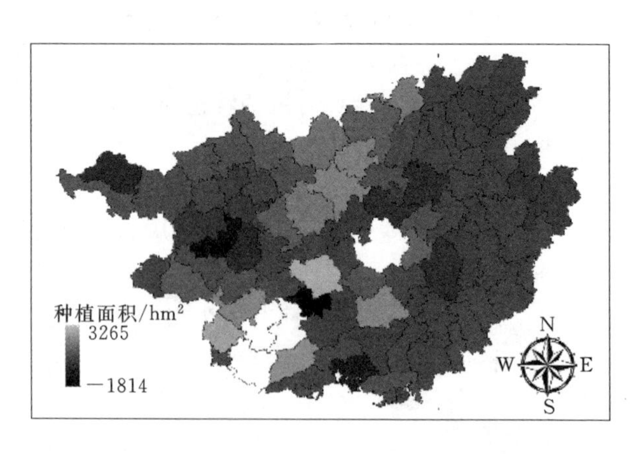

图 5-4-9　县级年平均种植面积变化

方法，但是传统模型一般只能用于局部校准后的估产，在区域上因物候及气象差异，传统模型的估计精度低。

本研究基于甘蔗物候及生理特征，建立了太阳辐射约束型的通用估产模型，模型输入包括每日叶面积指数（LAI）数据、每日辐射（SR）数据。

$$产量 = 1.03 \times \int_{t=1}^{T} (e^{3.8 \cdot LAI_t^{4.5}/(13+LAI_t^{4.5})}) SR_t (1 - e^{-LAI_t})$$

式中：T 为甘蔗生长的天数。

为将模型应用到广西全区，需要如下数据：每日辐射数据和每日 LAI 数据。每日辐射数据从国家气象观测网上下载，每日 LAI 数据为 MODIS LAI 成品数据。图 5-4-10 为估计的 13 年的产量数据。

利用各县年鉴中的甘蔗产量统计数据评价估产精度，图 5-4-11为估计与统计的产量对比效果。由图可知，$R^2=0.95$，斜率为 1.08，说明估计的产量很好地反映了县级产量的空间分布，具有很高的精度。

表 5-4-1 列出了各县的甘蔗种植面积、产量、所处的平均

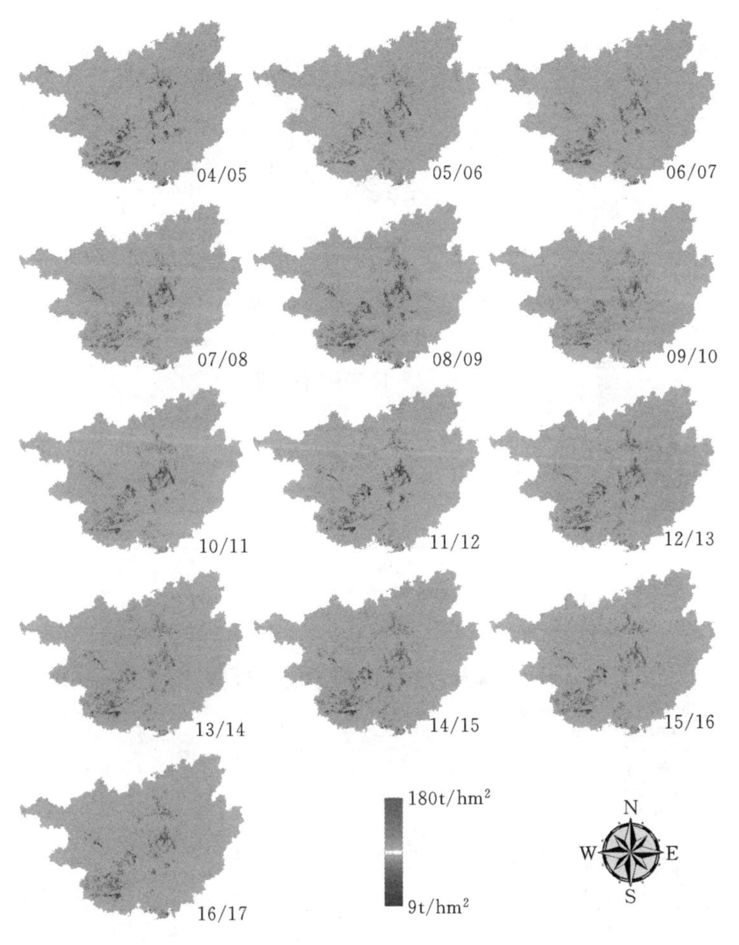

图 5-4-10 2004/2005 年至 2016/2017 年广西全区甘蔗产量分布区

高程、平均坡度以及利用 SWAP-WOFOST-Sugarcane 模型计算的潜在产量。由表可知，来宾县、扶绥县、江州区是甘蔗种植面积最大的三个地区，面积均超过 500 百万 m^2。同时，实际单位面积产量与潜在单位面积产量之间存在仍然具有很大的差距，总产亦有较大的距离，特别是在种植面积大的地区，甘蔗产量的提升空间巨大。

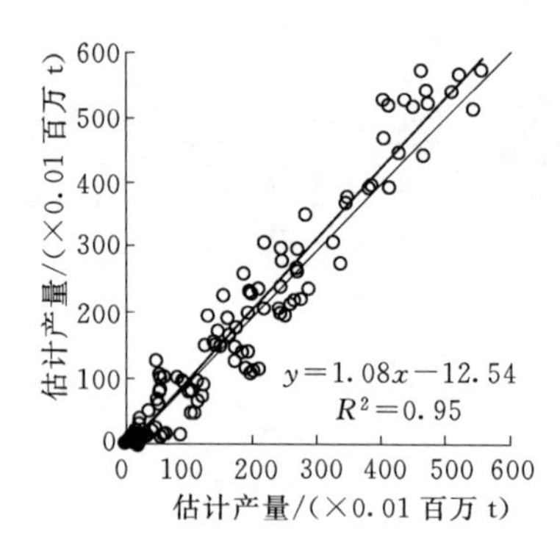

图 5-4-11 估计结果

表 5-4-1 各县 2004/2005 年至 2016/2017 年甘蔗平均种植面积

Area：面积；Elevation：高程；Slope：坡度；APUY：实际单位面积产量；PPUY：潜在单位面积产量；AY：实际总产量；PY：潜在总产量。

Abb	County	Area	Elevation	Slope	APUY	PPUY	AY	PY
		M m^2	m	o	t/ha	t/ha	M kg	M kg
LB	Laibin	912.3	90.9	1.34	48.8	207.4	4498.4	18862.1
FS2	Fusui	753.1	132.5	2.10	57.2	211.2	4350.3	15917.3
JZ	Jiangzhou	684.2	157.0	2.56	63.2	204.9	4398.1	14022
WM	Wuming	498	133.9	1.66	53.4	204.3	2696.3	10161.5
NM	Ningming	459.3	159.3	2.13	55.6	206.1	2599.8	9468.8
LC4	Liucheng	399	150.4	2.33	54.2	201	2161.6	8002.3
SS	Shangsi	373.9	190.1	1.82	49.3	215.1	1873	8045.4
WY	Wuxuan	293.3	90.6	1.28	48.5	206.2	1450.6	6024.9
LZ2	Longzhou	243.8	165.4	2.59	75.8	203.3	1871.3	4942.2
YN	Yongning	237.6	113.2	1.41	59.3	215.2	1406.6	5126
LJ	Liujiang	231.7	106.9	1.85	49.2	204	1131	4728.7
TD1	Tiandong	198.3	196.9	3.57	56.7	201.2	1148	3991
DX1	Daxin	190.1	216.1	3.79	75.4	203.7	1458.7	3870.6
NN	Nanning	170.6	98.0	1.38	43.3	208	733.8	3555.6
LA	Longan	166.3	100.8	1.87	60.8	200.2	1010.4	3328.4

续表

Abb	County	Area	Elevation	Slope	APUY	PPUY	AY	PY
		M m²	m	o	t/ha	t/ha	M kg	M kg
H	Heng	160.4	80.0	1.01	39.4	220.2	648.2	3524.9
GB	Gangbei	159.4	56.3	0.86	35.4	213.4	558.1	3404.8
YZ	Yizhou	155.6	212.7	3.45	74.7	198.6	1182.5	3077.8
BY	Binyang	143	89.7	0.80	43.6	212.6	634.1	3037.5
BS	Baise	140.7	256.8	5.33	74	206.9	1069.6	2912.9
QN	Qinnan	136.6	18.7	0.72	54.6	216.2	741.6	2962.4
XZ	Xiangzhou	136.2	102.6	1.43	46.8	205.3	644.7	2783.3
LZ1	Luzhai	119.4	122.8	1.80	50.4	201.6	604.4	2401
LS2	Lingshan	118.8	46.0	0.95	56.6	221.2	690.1	2629.6
HP	Hepu	113	21.1	0.76	44.3	222.2	494.1	2504.5
LC3	Lu℃heng	111.9	141.7	1.51	64.6	197.6	732.1	2190.2
TY	Tianyang	94.3	239.8	4.32	70.3	205.9	676.9	1942.7
RS	Rongshui	88.6	139.8	1.85	61.6	196.6	556.2	1723.7
HJ	Huanjiang	78.8	305.0	4.06	83	193.1	680.7	1518.4
TSG	Tieshangang	66.4	16.4	0.88	27.8	224.9	187.1	1495.4
LL	Longlin	57.1	726.3	11.25	67.1	205.6	358.8	1172.4
YH	Yinhai	51.4	17.1	0.65	38.2	223.9	196.1	1151.9
DA	Duan	42.9	238.5	5.96	75.5	199.8	386	851.1
JX2	Jingxi	40.3	786.6	6.37	74.2	217.7	319.6	876.6
SJ	Sanjiang	39.1	298.2	7.84	80.2	186.7	343.9	725.5
PG	Pingguo	36.6	208.8	3.29	74.1	195	271.2	714
TE	Tiane	33.9	488.4	13.51	90.2	197.3	304.2	666.6
LZ2	Liuzhou	33.8	100.8	1.45	37.9	201.9	127.6	686.8
TL	Tianlin	33	529.1	12.48	91	208.8	301.3	691.5
DH	Dahua	32.4	330.2	9.76	77.6	199.1	269.3	640.4
XL	Xilin	31.1	798.9	9.35	86.6	210.7	278.5	657.4
LY1	Leye	29.6	520.5	13.23	72.2	205.2	218.4	609.6
RA	Rongan	29.3	171.2	1.60	55	197.6	164.7	574

续表

Abb	County	Area	Elevation	Slope	APUY	PPUY	AY	PY
		M m^2	m	o	t/ha	t/ha	M kg	M kg
QB	Qinbei	28	21.7	0.94	39.4	215.4	112.3	602.9
HC	Hechi	26.7	309.8	7.34	79.8	194.7	221.9	520.6
XC	Xincheng	23.5	210.8	3.29	59.5	203.5	137.4	478.2
GP	Guiping	23.5	50.0	1.41	47.7	207	108.7	483.1
ND	Nandan	23	625.8	8.18	70.7	188.4	177.4	431.9
BM	Bama	21.6	356.2	7.54	83.1	200.1	175.7	432.8
DB	Debao	18.9	624.7	8.18	81.4	212.9	159.3	402.5
PX	Pingxiang	18.6	186.2	1.78	61.9	202.8	119.8	379
HS	Heshan	18.5	95.4	1.82	42.8	206.4	82.2	379.9
NP	Napo	17.4	762.3	13.48	84.1	213	140.6	371
SL	Shanglin	17.3	149.6	1.87	61	206.5	105.1	355.9
TD2	Tiandeng	15.1	531.8	4.80	69.5	205.7	115.1	309.1
DL	Donglan	14.5	418.6	11.22	85.9	198.4	124.5	286.4
QZ	Quanzhou	13.6	236.2	2.28	63.1	187	81.1	256.6
PN	Pingnan	13.1	63.3	2.21	39.4	207.4	58	268.2
GN	Gangnan	11	68.3	2.00	52	214	59.5	233.2
FC2	Fangcheng	9.4	43.0	2.61	67.3	221.7	60.6	208.6
JX1	Jinxiu	9.2	193.2	1.56	60.3	203.5	58.3	185.8
FS1	Fengshan	8.8	727.9	9.91	82.5	199.4	68.3	176.2
HZ	Hezhou	8.6	254.6	4.05	63.6	204.4	45.2	179.9
ZS	Zhongshan	8.3	151.8	1.13	42.5	201	30.1	172.4
MS2	Mashan	7.4	206.3	2.85	66.6	201.6	54	149.9
PB	Pubei	6.8	49.2	1.26	72.4	222.8	50.3	150.2
YF	Yongfu	5.6	208.1	1.36	64.8	195.7	37.5	109.6
FC1	Fuchuan	5.6	246.5	1.80	30.5	196.7	18.2	113.5
XA	Xingan	5.3	244.7	2.14	59.2	191.7	28.4	105.6
GY	Guanyang	5.2	337.4	2.51	69.1	189	32.5	100.6
YX	Xingye	4.9	81.7	1.73	70.7	211.7	35.3	101.3

续表

Abb	County	Area	Elevation	Slope	APUY	PPUY	AY	PY
		M m^2	m	o	t/ha	t/ha	M kg	M kg
DX2	Dongxing	4. 2	25. 4	1. 47	38. 6	214. 7	14. 6	90. 5
LY2	Lingyun	3. 8	647. 7	12. 60	91. 3	204	37. 7	78. 7
LG	Lingui	3. 1	172. 6	1. 40	54. 6	193. 2	17. 5	60. 2
TX	Tengxian	2. 8	74. 1	3. 51	67. 7	216. 5	15. 1	61. 7
LC1	Lingchuan	2. 6	201. 8	2. 47	62. 2	192. 8	14. 3	51. 4
LC2	Luchuan	2. 3	93. 3	1. 28	59	212. 8	14	48. 4
LP	Lipu	2. 3	169. 8	1. 98	42. 9	200. 6	9. 8	45. 8
PL	Pingle	2	193. 5	3. 23	48. 8	200. 9	8. 5	40. 7
YL	Yulin	1. 7	79. 3	1. 33	53. 9	212. 1	9. 2	35. 9
YS	Yangshuo	1. 6	116. 8	1. 27	44. 7	197. 9	7. 3	31. 9
MS1	Mengshan	1. 4	258. 1	6. 70	71. 7	202. 5	9. 2	27. 3
BB	Bobai	1. 3	50. 3	1. 93	56. 9	224	8. 1	29
GC	Gongcheng	1. 1	272. 9	3. 68	53. 3	195	5. 1	22. 3
CW	Cangwu	1	85. 8	2. 89	96. 9	220. 1	8. 2	22. 3
ZP	Zhaoping	1	198. 8	5. 54	106. 3	210. 2	9. 8	20. 9
LS1	Longsheng	0. 7	375. 1	10. 62	78. 6	189. 7	5. 7	14
CX	Cenxi	0. 7	179. 2	3. 90	98. 1	217. 9	5. 9	15. 4
GL	Guilin	0. 7	146. 0	2. 63	37. 9	195. 3	2. 2	13. 4
ZY	Ziyuan	0. 6	413. 8	4. 68	76. 5	187. 1	4. 5	12. 1
BL	Beiliu	0. 5	125. 2	3. 46	58. 4	210. 4	3. 8	10. 7
R	Rong	0. 3	78. 2	2. 43	35. 4	210. 4	1. 4	6. 5
WZ	Wuzhou	0. 1	170. 4	4. 34	107. 3	225. 8	0. 9	2. 4

参考文献

[1] Bendig J, Yu K, Aasen H. Combining UAV - based plant height from crop surface models, visible, and near infrared vegetation indices for biomass monitoring in barley [J]. International Journal of Applied Earth Observation and Geoinformation, Elsevier B. V., 2015, 39: 79 - 87.

[2] Berni J A J, Zarco - Tejada P J, Suárez L. Thermal and narrowband multispectral remote sensing for vegetation monitoring from an unmanned aerial vehicle [J]. IEEE Transactions on Geoscience and Remote Sensing, 2009, 47 (3): 722 - 738.

[3] Curran P J, Dungan J L, PETERSON D L. Estimating the foliar biochemical concentration of leaves with reflectance spectrometry: Testing the Kokaly and Clark methodologies [J]. Remote Sensing of Environment, 2001, 76 (3): 349 - 359.

[4] Gago J, Douthe C, Coopman R E. UAVs challenge to assess water stress for sustainable agriculture [J]. Agricultural Water Management, Elsevier B. V., 2015, 153: 9 - 19.

[5] Herwitz S R, Johnson L F, Dunagan S E. Imaging from an unmanned aerial vehicle: Agricultural surveillance and decision support [J]. Computers and Electronics in Agriculture, 2004, 44 (1): 49 - 61.

[6] Lebourgeois V, Bégué A, LabbÉ S. A light - weight multi - spectral aerial imaging system for nitrogen crop monitoring [J]. Precision Agriculture, 2012, 13 (5): 525 - 541.

[7] Liang S. Quantitative remote sensing of land surfaces [M]. Wiley Praxis series in Remote Sensing, 2004.

[8] Xavier AC, Vettorazzi C. Mapping leaf area index through spectral vegetation indices in a subtropical watershed [J]. International Journal of Remote Sensing, 2004, 25 (9): 1661 - 1672.

[9] Zarco - Tejada P J, Guillén - Climent M L, HERNÁNDEZ - CLEMENTE R. Estimating leaf carotenoid content in vineyards using high resolution hyperspectral imagery acquired from an unmanned aerial

vehicle (UAV) [J]. Agricultural andForest Meteorology, Elsevier B. V., 2013: 171-172, 281-294.

[10] 曹学仁. 利用高光谱烟感估计白粉病对小麦产量及蛋白质含量的影响 [J]. 植物保护学报, 2009 (2): 948-953.

[11] 李宗南. 基于小型无人机遥感的玉米倒伏面积提取 [J]. 农业工程学报, 2014 (10): 207-213.

[12] 冷伟锋. 小麦条锈病遥感监测及网络信息平台构建 [D]. 北京: 中国农业大学, 2015.

[13] 张学俭. 精准农业与3S技术 [J]. 宁夏农林科技, 2006 (3): 23-24.

[14] 钱燕, 尹文庆. 精准农业4S技术中农业专家系统研究 [A]. 中国农业工程学会电气信息与自动化专业委员会、中国电机工程学会农村电气化分会科技与教育专委会2010年学术年会. 2010.

[15] 何东健, 何勇, 李明赞, 等. 精准农业中信息相关科学问题研究进展 [J]. 中国科学基金, 2011, 25 (1): 10-16.

[16] 徐美, 黄诗峰, 姚永慧. 干旱半干旱地区灌溉农业中的遥感应用 [J]. 干旱区研究, 2006 (4): 592-597.

[17] 张健康, 程彦培, 张发旺, 等. 基于多时相遥感影像的作物种植信息提取 [J]. 农业工程学报, 2012, 28 (2): 134-141.

[18] 蔡学良, 崔远来. 基于异源多时相遥感数据提取灌区作物种植结构 [J]. 农业工程学报, 2009, 25 (8): 124-130, 318.

[19] 王利民, 刘佳, 杨玲波, 等. 基于无人机影像的农情遥感监测应用 [J]. 农业工程学报, 2013, 29 (18): 136-145.

[20] 汪小钦, 王苗苗, 王绍强, 等. 基于可见光波段无人机遥感的植被信息提取 [J]. 农业工程学报, 2015, 31 (5): 152-159.

[21] 何亚娟, 潘学标, 裴志远, 等. 基于SPOT遥感数据的甘蔗叶面积指数反演和产量估算 [J]. 农业机械学报, 2013, 44 (5): 226-231.

[22] 王君婵, 谭昌伟, 朱新开, 等. 农作物品质遥感反演研究进展 [J]. 遥感技术与应用, 2012, 27 (1): 15-22.